Fifty Minerals That Changed
the Course of History

改变历史进程的
50种矿物

（英）埃里克·查林 著

高萍 译

青岛出版社
QINGDAO PUBLISHING HOUSE

Contents
/目录/

了解那些发生在身边的世界变化

Introduction
/前言/

当我们眼中只看得见机械所塑造之美和如同矿物一般冷硬的生活，脑中不曾想
过清风、天空和田野；当我们日复一日地置身于层层砖墙之间，行走在沥青马路之
上，呼吸着煤炭油脂燃烧的浓烟，在其中成长、劳作、死去，人类会繁盛多久呢？
——查尔斯·林德伯格（1902—1974）

我们可以从多种不同视角来阐述人类文明。迄今为止，本套
丛书已经从植物（《50种改变历史进程的植物》）和动物（《50
种改变历史进程的动物》）的角度讲述了人类的历史。在本册书
中，我们的讲述重点将是矿物。广义来说，有相当数量的天然及
人工合成物质都可以被看作是矿物，比如金属、合金、岩石、水晶、
宝石、有机矿物质、盐类以及矿石等。

人类的崛起

我们人类祖先是怎样以及在什么时候进化成人类的？考古学
家和人类学家对这些问题仍然存在争议。人们曾认为某些能力——
语言、构成社会结构、情感、工具使用和制造、符号推理以及自
我意识——是区分人类这种"高级"动物与各种"低等"动物的
标志。然而事实证明，其他动物，如鸟类、鲸类和猩猩等，也拥
有同样的能力。只不过没有任何其他物种能把这些能力发展到像
人类一样的水平来改造自然环境，令自己有效地优胜劣汰。人类
对自然环境的改造始于对动植物的驯化。然而，随着文明从自然
经济进入到城市化和商品生产贸易阶段，人类的改造重点也转向
了矿物——用岩石来建筑房屋，用金属来制造工具、武器
甚至机器，用碳氢化合物来制造能量。土壤、矿砂和
盐类被应用于工业，而各种宝石、亚宝石、贵金属
和半贵重金属则被用来铸造货币或制成装饰品。

人类学家相信：形态以及行为的改变触发了
人猿远祖进化成人类的进程。尽管我们无法重现原始人类的思
考、感知及社交情况，但是他们所使用的工具——至少是像石

大爆炸
1945年，铀蕴含
的巨大能量被展现在世
人眼前。

头这样的耐久材料制成的工具——向我们提供了他们的发展水平的事实依据。最早的石器工具距今约有 260 万年历史，而人类与工具的关系很有可能比这更久远。不过，就像今天的大猩猩所做的那样，这些早期工具也许都是古人就地取材打磨，而非专门制造出来的。然而，自从我们的祖先开始制造工具，他们便深刻地改变了自己与自然的关系。

金属时代

　　260 万年以来，人类所使用的各种复杂工具主要由木头、骨头、燧石以及黑曜石制成。在距今约 1 万年以前的"新石器"期间，人类开始定居生活。农耕以及畜牧业取代了打猎和食物采集，成为人类的主要生活方式。而这些进步的关键，就在于那些影响了人类生活方方面面的技术革命。

　　石器时代让位于红铜、青铜以及铁所主导的金属时代。尽管贵金属金和银在现代都有工业用途，但在古代，它们主要被用来制造货币、珠宝、金银线，或搭配钻石、琥珀、珊瑚、玉石、珍珠等宝石用于宗教装饰。煤这一矿物燃料推动了第一次工业革命，而石油则是第二次工业革命的动力源泉。尽管掌握着先进的技术，时至今日，人类在能源需求方面仍然依赖于这两种矿物，并辅以核燃料铀和钍。从古至今，各种工业生产大范围地使用了多种金属、矿砂、合金以及盐类，其中包括明矾、铝、沥青、砷、钠、汞以及钢。

编者

2014 年 3 月

钻石

Adamas

类型：晶体，宝石
来源：地幔深处
化学式：C

◎工业
◎文化
◎商业
◎科研

绚烂之石
在所有的宝石当中，没有任何一种能比无瑕的钻石更吸引人。

钻石光芒璀璨，坚不可摧，是美和坚强的典范。搭配上永不锈蚀的黄金后，钻石成为订婚戒指的理想之石，象征着爱情与婚姻的纯洁和永恒。大颗钻石十分罕见，因而是最受皇家青睐的宝石。不论对东方还是西方的皇室来说，钻石都是其华服上最耀眼的部分。

钻石项链事件

1786 年，发生在法国的钻石项链绯闻是一场十足的闹剧，当时的法国王后、红衣主教、骗子、妓女均被牵扯其中。事件中的钻石项链本是由法国国王路易十五（1710—1774）为其情人定制的，但是他既没有收到项链，也没有为之付钱。红衣主教罗昂——一个好色的神职人员，成了这事件中的倒霉鬼。他被女骗子德·拉莫特伯爵夫人所蛊惑，去为王后玛丽·安托内瓦特购买这条项链。而实际上，他所私会的王后是由一名妓女假扮的。等到珠宝商要求收款时，王后对此全盘否认，真相也因此而败露。罗昂主教最终洗脱了嫌疑，但被驱逐出了宫廷。德·拉莫特被投入监狱，但后来化装逃脱。虽然王后本人是无辜的，但名誉遭到了严重地玷污。这一事件连同其他多宗丑闻的叠加，诱使法国 1789 年爆发了大革命，其君主统治也被推翻。

里茨饭店巨钻

1905 年 1 月某天傍晚，在南非第一钻石矿区的一堵岩墙里，矿工们挖出了一块巨大的晶体。这家伙大得超出常规，以致矿区主管弗雷德里克·威尔斯起初看到它时错把它当成是块不值钱的天然玻璃。然而，经过一番仔细查检后，这硕大的晶体被证明是有史以来最大的钻石。它的重量高达 621.35 克（约 1.37 磅），3106.75 克拉。矿区的所有者——托马斯·库利南爵士当天恰巧身在矿区，这非比寻常的巨无霸也因此被命名为库利南巨钻。尽管库利南巨钻比不上作家斯科特·菲茨杰拉德（1896—1940）1922年短篇小说《里茨饭店巨钻》中所描写的钻石那样硕大无朋，但它毫无疑问也是一块无价之宝。矿场将这块钻石卖给了当时的德兰士瓦政府（今属南非），后者随后将其贡献给了自己宗主国的国君——英国国王爱德华七世（1841—1910）。

为了迷惑企图在运输途中窃取这宝钻的盗贼，德兰士瓦政府派重兵乘船护送着一颗假钻去了英国，而真钻则通过挂号信被寄送到了国王手中。一收到钻石，爱德华七世就安排人进行切割抛光。他将这项需要谨慎处理的任务交给了阿姆斯特丹的阿斯彻钻石公司。约瑟夫·阿斯彻成功地在第二次切割尝试中将钻石切成了两块。后续切割中，这巨钻共切出了9块大钻和96块小钻。其中重达530.20克拉的库利南一号，又名爱德华七世，被镶嵌到了英国国王权杖上。库利南二号则被镶嵌在了英帝国皇冠的正面，用于英国国王的加冕仪式。库利南三号到九号或被镶嵌于王冠，或被当作珠宝，为伊丽莎白二世女王所佩戴。

尽管是最大的钻石，库利南钻石却面世很晚。在库利南之前，世界上最大的钻石是重达105克拉的光之山。该钻开采于11至13世纪之间的印度北部，属于印度君主。光之山先是被当做眼睛镶嵌到了一尊女神像上。后来，来自中亚的穆斯林人占领了印度，光之山也辗转于伊斯兰王朝之手。英国占领印度后，它又落入了英国人手中。19世纪中叶，光之山成为英国军队的战利品，被贡献给了维多利亚女王（1819—1901）。传说光

皇家宝钻

库利南众多巨钻是英国皇室珠宝中最耀眼的明星。

不要为我挖掘黄金……我只要钻石。某一天，我们也许会放弃金本位的。

——梅·韦斯特，演员

之山是块被诅咒的宝石，任何男性统治者戴上它都会丢掉性命。不过这个诅咒对女人没有任何影响，因此聪明的英国人就把它镶嵌到了自己女王和王后的皇冠上。

长久以来，钻石一直作为配饰装点着王室显贵，但随着 19 世纪钻石产量的不断提高和 20 世纪人们生活水平的改善，越来越多的人开始拥有钻石首饰。史上第一次有记录的钻石订婚戒指出现在 15 世纪的欧洲，但这一风俗直到 20 世纪 30 年代才广泛传播开来。今天，象征着爱情的坚定和永恒的钻石白金戒指仍然是欧美最为流行的定情信物。

高压下的煤炭

虽然有着难以被其他矿物所超越的品质，钻石，正如美国前国务卿亨利·基辛格（生于 1923 年）所观察到的那样，其实是煤炭经高压形成的。钻石的分子式"–C"说明钻石就像煤炭和石墨一样，完全由碳元素组成。不同的是，钻石是在地壳中经高压形成，其碳元素按四面体排列。火山爆发时，含有钻石的岩石被带到地表，亿万年后，风雨的侵蚀才使得这些钻石散落在世界各地。

得益于自身特有的八面体结晶结构（就像两座底座相连的金字塔），钻石具有极高的硬度和透明度。尽管一般来说，无色钻石在珠宝当中价值更高，但化学杂质会令钻石带有不同的颜色。其中最常见的是黄色和棕色，而最少见的则是蓝色、黑色、粉色和红色。近年的钻石拍卖中，价格最高的是蓝色和粉色钻石。钻石的一般度量单位是 1907 年成为国际标准

世界名钻
1. 大莫卧尔钻石
2&11. 摄政王钻石
3&5. 佛罗伦萨钻石
4. 南方之星
6. 桑西钻石
7. 德累斯顿绿钻
8. 光之山（原始形状）
9. 希望之星
10&12. 光之山（目前形状）

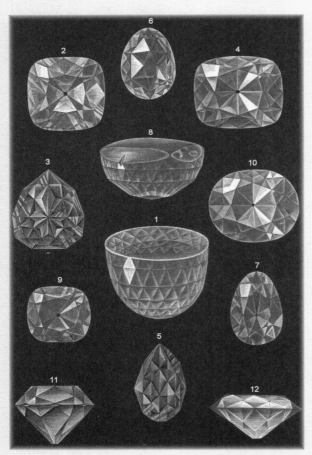

的公制"克拉"。
1 克拉相当于 0.2
克（200 毫 克，
0.007055 盎司），
1 克拉又可被进
一步分为 100 分，
每分等于 2 毫克。

　　钻石以其硬
度闻名于世。历
史上，钻石切割
只有通过钻石才
能完成。而现在
则是借助于激光。

欧洲历史上第一家钻石切割公会成立于 14 世纪，而比利时安特
卫普今天仍然是世界上最大的钻石切割地。将原石制成成品的
过程必须保证能最大程度上保留原石的品质、大小和色泽。工
匠们沿着内部瑕疵把原石切开后，接着借助别的钻石对其进行
粗加工，把它削磨成圆形，然后在表面切出小平面，将钻石最
终定型。至此，整个宝石被雕琢出最耀眼的光芒。古代的钻石，
如"光之山"，由于切割手段较为原始，未能使其显露出最佳
的光彩，因此看上去不是十分光芒夺目。1852 年，在维多利亚
女王的夫君阿尔伯特亲王的监督下，"光之山"进行了第二次
切割，其重量被切去了 40%，从 186 克拉减少到了 105.602 克拉。
尽管这令光之山比之前更加光彩夺目，但阿尔伯特亲王还是对
结果感到失望，就把这枚钻石镶嵌到了女王的一枚胸针上。

　　19 世纪，天然钻石的产量大幅增加，到了 20 世纪，人们
又发现了如何人工合成钻石及仿造钻石，导致钻石的稀缺性和
成本大幅下降。因而在今天，钻石对人们的吸引力已经大不如前。
不过 2011 年，宇航员在外太空发现了一颗硕大的钻石，即使
对钻石再审美疲劳的人也会赞不绝口。这是距离银河系 4000
光年的一颗消亡星球的遗物，它的体积足有地球的 5 倍大。

血与泪之钻

　　千百年来，钻石一直都是
人们征战掠夺的对象。但近代
以来又出现了一种新钻石。它
们被开采于饱受战争或内乱之
苦的地区，因而被人们称作血
钻或冲突钻石。此类钻石主要
来自非洲国家，钻石的销售所
得被用来支持更多的战争和暴
动行为，导致新一轮的灾难，
使得这些地区深陷灾难和贫穷
的泥沼。

铜

Aes cyprium

类型：金属
来源：天然铜，铜矿石
化学式：Cu

◎**工业**
◎文化
◎**商业**
◎科研

石器时代延续了 260 万年，但人类甫一结束群居，就开始利用一种新的材料——铜，来制造工具、武器和装饰品。铜不像石头那样取之不尽，唾手可得，需要通过开采冶炼或者贸易才能获得。铜加工创造了铜匠这一群体以及富裕的权势阶层，而后者有能力定制或购买金属制品。

冰人来了

1991 年 9 月 19 日，在意大利和奥地利交界的阿尔卑斯高山冰川，两名登山的德国游客决定脱离原定路线，选择一条近路。途中，他们碰到了一条深沟，并有了一个惊人发现。一开始，他们误以为自己看到的不过是之前登山者留下的垃圾。但他们后来意识到，突出冰面的实际上是一颗人头还有人体的上

冷加工
人类刚开始加工天然铜的时候用的是冷锤法。

半身躯干。这具尸体保存得十分完好，让登山者、后来到场的救援队和警察以为他是一名迷路的登山者，不幸在危机四伏的阿尔卑斯山区丢了性命。然而等到人们把这具尸体从冰层中发掘出来送进当地停尸房，当局才发现他实际上是一具木乃伊。死者生活在距今 5300 年前的铜石并用时代，或曰青铜时代。

探矿者
　　冰人奥茨遇难前极有可能是在探寻铜矿。

后来根据木乃伊的发现地点奥茨山谷，这具木乃伊被命名为冰人奥茨。

　　铜石并用时代处于新石器时代（距今 10000 年到 7000 年前）和青铜时代（始于距今 5300 年的近东地区，约 100 年后，欧洲亦跨入青铜时代）之间。所谓铜石并用时代指的是在这个时期，人类发现了金属铜的加工方法，同时也未放弃使用石器工具。在新石器时代，人类形成了以农业和部落共同生活为基础的定居式生活方式。这种变化对人类来说既是机遇，也是挑战。其挑战之一便是如何获取居所周围所没有的食物和原材料，这促使不同群体和文明之间出现了最初交易渠道。而在另一方面，定居式生活提高了人类的生活水平，增加了休闲时间，使得新技术，尤其是金属冶炼的发展有了可能。

　　考古学家认为人类社会在铜石并用时代开始出现阶层分化。与石头相比，铜的获取和使用更为困难，需要专人进行加工。这些拥有专业技能的人可能因其这种独特的技能而成为群体的首领，或是将自己的劳动成果卖给有权力或是有财富的人。铜本身并不能造成社会分化，但能加强人类定居所带来的某些发展趋势。根据冰人奥茨的衣着和随身装备，考古学家相信他具有较高的社会地位，也许是

冰人奥茨的宝贝
　　奥茨身上最有价值的东西便是他的铜斧，既可用作工具，亦可作为武器。

财源滚滚

　　美国新墨西哥州奇诺市的露天铜矿每年可产出数百万磅重的铜。

名部落首领或是铜匠。他身上带着当时非常典型的两样东西——来自意大利的燧石小刀和一把金属斧头。这把斧头长 23.5 英寸（约 60 厘米），斧刃镀铜，长 3.7 英寸（约 9 厘米），是一种有力的武器。同时，它只消半小时就能砍倒一棵树，还不会磨钝。

地中海纽带——塞浦路斯

　　在古代，塞浦路斯是地中海地区最重要的铜产地之一。今天铜的英语 copper 即来源于"塞浦路斯金属"的拉丁语 aes cyprim 的缩写 cuprum。铜跟黄金之所以成为人类首先加工的金属有多种原因。铜是地表中第八大金属元素，储量极为丰富，多种矿石中均能发现铜的踪影。另外，大多数金属的色泽为灰色，而铜却色彩亮丽，或红、或黄、或橙。而且在受侵蚀的状态下，还会形成绿色的碳酸铜。最后一点，纯铜还以纯天然的形式存在于地表。虽然在人口密集区域很快就被采尽，但天然铜很容易就可以通过冷锤法加工成小物件。

　　虽然一开始人们认为铜的加工方法最先出现在近东地区，并随后传入欧洲，但考古发现证明这项技术在近东地区、欧洲以及世界其他地区都是独立出现的。易于获得的天然铜被采尽之后，人类不得不转向铜矿来寻求这种金属。冰人奥茨的家乡阿尔卑斯山脉中部地区拥有丰富的铜矿石，当时也拥有繁荣的铜石并用文明。有理论就认为，冰人奥茨是在探寻铜矿的路途中在阿尔卑斯的高山冰川中遇难的。从矿石中提取出铜是一个比在地表寻找铜

　　塞浦路斯在地中海诸岛中的地位首屈一指。那里出产丰富的酒、油和谷物，并在塔马索斯拥有大量的铜矿。

——《地理学》（23），古希腊地理学家斯特拉波（前 64—24）著

块复杂得多的过程。人类有可能是在粉碎加热有色矿石，用来对陶器着色上釉时发现可以从岩石中获取铜及其他金属元素。

含铜矿石从地表开采出来之后，被粉碎并装入炭炉在1000℃的高温下反复熔化多次以去除杂质，并被做成粗糙的纯铜块。以上工序都是在铜矿所在地完成的。然后，铜块被运输到定居点进行进一步加工或直接卖给其他部落。相较而言，铜的硬度不高，可经冷锤法加工成铜珠或铜针等小物品。但冷锤法会造成开裂，不适宜用来加工大型铜器。要制造大型铜器，首先要对铜进行加热，使之易于加工。要想制造复杂程度更高的物品，就要借助浇铸法，先将铜块在陶制或金属容器中熔化，然后将铜液倒入石制或黏土模具当中，最后再施以冷锤法。冰人奥茨的斧头便是用这种方法浇铸的，其斧刃则以冷锤法加工而成。

金属时代为人类社会带来了深远的社会和文化影响。从外部来说，它促使不同部落之间的联系比以前更加紧密。从内部来看，金属时代促进了人类文字系统的发展，使之成为记录生产、所有权以及商业交易情况的手段。社会阶级分化也自此发端，人类社会开始出现不同的等级或阶级，如专业手工艺者，政治、社会和经济精英及其仆从。在下一章中，我们将会了解到，铜作为人类所制造的第一种合金——青铜的重要成分之一，在人类早期文明的发展当中继续扮演着重要的角色。

绿衣女神
铜绿色的氧化物保护着自由女神像，防止其遭到进一步侵蚀。

身披铜甲

纽约的标志——自由女神像落成于1886年，是世界上最大的铜像。该铜像由法国雕塑家弗雷德里克·巴廷尔迪（1834—1904）设计。一开始，铜像在外层铜绿保护层下还夹有一层铸铁层。铜抗雨水和海水侵蚀，是理想的保护层材料。塑像标志性的绿色是一层碳酸铜氧化物，是铜接触空气后形成的，能保护其内部金属免于产生进一步的锈蚀。铜像分别在1984年和1986年进行过大修，其中受腐蚀严重的铸铁层被不锈钢所替换，其外部表层也进行了维修。

青铜

Aes brundisium

类型：铜锡或铜砷金属合金
来源：人造金属
化学式：90Cu10Sn

◎工业
◎文化
◎商业
◎科研

神话作者

　　古希腊诗人赫西奥德第一次提出了黄金时代、白银时代和青铜时代的说法。

　　尽管冶金术发端于对铜和黄金的冶炼，但真正改变人类文明，推动人类走上更加复杂的技术发展道路的金属却是青铜。青铜是一种铜锡合金，对它的生产加工推动了大型贸易网络的出现以及新金属浇铸和加工技术的发展。虽然铁在前 1000 年期间取代了青铜，成为工具和武器的制作原料，但时至今日，人们浇铸塑像时仍然偏爱青铜。

第三时代

　　根据古希腊诗人赫西奥德（约前 8 世纪）的说法，平静的黄金时代和白银时代过后，人类步入了青铜时代。虽然并没有考古证据能证明黄金时代和白银时代的存在，但考古学家和历史学家都采用青铜时代这一术语来指代人类历史上先进技术以及财富权势时期。青铜时代始于前 4000 年，结束于前 1000 年。但在前 2000 年末期，在当时的主要发达地区，如印度和近东地区，青铜已为铁所取代。赫西奥德认为，在青铜时代，人类信奉战神阿瑞斯（即罗马人信奉的马尔斯），战乱不断。这一点也为史料和考古发现所证实。

　　在青铜时代，第一批帝国文明相继崛起，这包括古埃及文明、美索不达米亚文明、古叙利亚文明、古安纳托里亚文明、克里特文明、古希腊文明、古印度文明及古中华文明。

　　青铜不是天然金属，而是一种合金，其成分九成为铜，一成为锡。最早的青铜当中含砷，不含锡，因而被称为砷青铜。虽然这种青铜比锡青铜具有更好的延展性，但需要加强淬火才能获得相等的强度，而且砷对加工者来说具有毒性。虽然青铜的原材料获取和生产更加困难，但青铜更加坚固，更易于浇铸，用途

传统

青铜时代结束之后很长一段时间，青铜仍然是重要的铸币材料。

也更广泛，因此它还是取代了石头和铜，被人类拿来制造工具和武器。青铜可进行复杂程度更高的浇铸，来制造雕像、乐器、装饰物以及新型的工具武器。此外，青铜比铁器时代早期出现的熟铁工具和武器更坚固。直到出现了钢，青铜工具和武器才逐渐消亡。青铜相对于铁器来说还有一个优点就是，它跟铜相似，只要在表面形成一层绿色的碳酸铜保护层就可以抵御氧化。

锡与铜基本上不会出产在同一个地区，因此需要从远方运输锡到铜产地才能加工青铜。人们认为，地中海大部分地区的锡来自于现在英国西南部的德文郡和康沃尔郡地区，以及西班牙北部和法国北部。近东地区和印度的锡来源于中亚，而中国和东南亚则拥有自己的锡矿。这些贸易所涉及的地域十分辽阔，这就要求古代世界能够建立起广泛的贸易网络，天壤之别的文明之间存在直接交流。换言之，青铜的生产触发了经济的第一波全球化。地中海东部的航海家登上了英伦诸岛，在当时，人们认为那就是世界的尽头。而在世界的另一端，锡也沿着后人称誉的"丝绸之路"进入了印度和近东地区。

> 天父宙斯造出了第三代凡人。他们是黄铜一族，诞生于白蜡树丛中。与白银时代有着天壤之别，他们凶残强壮，狂好战神阿瑞斯的残暴之行……此族之人着青铜之甲，居青铜之房屋，驭青铜之工具。
>
> ——《工作与时日》，赫西奥德（约前 8 世纪）著

后来，青铜合金家族的成员不断增加，除锡青铜外，还出现了铝青铜、锰青铜、海军黄铜以及硅青铜。它们具有青铜的抗腐蚀性和良好的导电性，广泛应用于生活用品、工业、军事及航海领域。青铜仍然是铸造金属雕像时使用最广泛的材料，其成品被称为"青铜器"。罗马人称青铜为 Brundisium，意

为来自布林迪西的金属。这是因为位于意大利南部阿普利亚海岸的布林迪西港口，是古罗马帝国一个重要的青铜进口及生产地点。

帝国的基础

新石器时代（前10000—前7000）没有留下任何文字资料，因而我们无法再现当时的国家和城市的政治社会组织。然而，考古学家认为，新石器时代的文化特征应该是相对民主和平等的，很少有以性别、地位、财富和财产为基础的社会等级。以新石器时代的大型城市，位于土耳其的恰塔霍裕克为例，那里并没有公共建筑和寺庙，居民们共同生活，平等分享所有的资源。

我们在前一章提到，在金属时代初期，即铜石并用时代（前7000—前5300），伴随着铜的加工，阶层分化的过程开始了，出现了冶金工匠、富裕的权势阶层和普通人。权势阶层有能力委托他人加工或者从其他人手中购买金属制品，而普通人还在使用石制工具。在青铜时代，这种趋势变得更加明显。此时，全世界几大帝国文明得到了极大发展。这包括古埃及文明、美索不达米亚文明、克里特文明、迈锡尼文明、古希腊文明、古叙利亚文明、安纳托里亚的赫梯文明、古伊朗的埃兰文明、古印度哈拉帕文明以及古中华文明。

这些文明都是高度集权的君主政体，统治者控制着大部分可用资源，并用来修建奢华的宫殿、寺庙和坟墓。其权势和财富不仅来源于对金银的控制，更依赖于对锡、铜和青铜贸易以及以武器为主的青铜制品生产的控制。铜适用于制造斧头、刀具、凿子以及箭簇，而强度更高，延展性更好的青铜则使得一种遍布世界各地的全新武器——剑的生产成为现实。从欧洲的凯尔特到中国，我们在各地都能见到它的身影。随着青铜剑的出现，青铜铠甲、头盔和盾牌也相继出现。这些护具能够更好地保护战士，并在他们与手持石制武器的对手战斗时，给他们带来极大的相对优势。在青铜时代，军事领域另外一项世界性的进步便是战车的出现。这应归因于早些

青铜钺与铜钺

青铜钺的斧刃比铜钺更为锋利耐用。

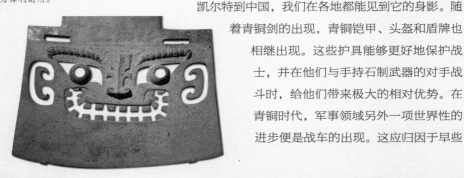

时候中亚人对马的驯化。

　　青铜时代的这两大发明改变了战争的方式。古希腊最伟大的史诗作品——荷马的《伊利亚特》（约前8世纪）描写了青铜时代两大势力——迈锡尼和特洛伊之间的一场冲突。故事的英雄们阿喀琉斯、赫克托耳、帕里斯还有奥德修驾驶着马拉战车，身穿青铜护甲，手持青铜长矛、弓箭或长剑在特洛伊的战场上面对彼此，殊死搏斗。

　　当时的超级大国——米诺斯、迈锡尼、埃及、希泰、腓尼基、巴比伦、埃兰、哈拉帕还有中国——通过控制青铜的冶炼技术和贸易，控制了广阔的疆域。随着他们的不断扩张，彼此之间发生了摩擦。中央集权和国际贸易也带来了更多温和的技术进步，如文字的演进，出现了埃及的象形文字、美索不达米亚的楔形文字，以及中国的甲骨文和金文。文字不仅被用来记录神

华夏宝物

　　在古代的中国，青铜器是个人财富和权力的象征。

地位的象征

　　这组编钟出土于中国的一个古墓，含65个青铜钟，表明其主人的身份为皇族。

雕塑家的最爱

自古以来，青铜一直是雕塑家最喜爱的创作材料。

王们的种种神勇行为，而且也用于日常生活，拿来记录货物明细，书写交易契约等。

青铜还有一项重要经济功能，即铸币。尽管直到青铜时代它才被广泛应用，但青铜是最早的金属制币材料。世界上最早的青铜币出现在前10世纪的中国，形如贝壳，是较早的货币形式。之后，中国的青铜币出现过各种形状，比如铲形、锄形和刀形，并最终演进为我们今天所熟悉的圆形。青铜币在前6世纪的印度、古代土耳其以及古希腊也都曾出现过，和天然金银合金币、金币以及银币一起扮演了货币的角色。

青铜艺术

青铜在艺术的发展当中，尤其是在雕塑、装饰艺术以及音乐领域，一直扮演着重要的角色。中国商朝（前1600—前1046）时期的青铜器是世界上最早的浇铸式装饰性青铜器。中国的青铜器当中，有的十分华丽，被制成盛放食物水酒的容器，有的被制成乐器，用于祭祀或随葬。这些青铜器当中，许多是用脱蜡法制造的。此法后来也出现在了印度、埃及和希腊，被人用来制作雕像。古希腊青铜雕像存世极少，但借由古罗马人的复制品，这些雕像也广为人知。

> 前12世纪，地中海东部地区青铜时代的终结是历史上最可怕的转折点之一。对于那些身历其中的人来说，这是一场巨大的灾难。
> ——《青铜时代的终结》（1995），罗伯特·德鲁斯著

今天，人们仍然在使用经过不同改造的脱蜡法进行雕像创作。在古代，中国人浇铸青铜钟作为典礼乐器。而在西方，人们最喜欢使用一种被称为钟青铜的青铜合金（含78%的铜，22%的锡）制造教堂所用的钟。这是因为它非常耐腐蚀，而且敲击时的抗混响能力强。

青铜及其相似合金黄铜今天仍然存在于人们的生活当中，但青铜时代与它所创造的文明却随着一场名为"青铜时代大崩溃"（约前1200—前1150）的大灾变消失在了历史的长河之中。地中海东部地区各大强盛的帝国——古埃及、古叙利亚、迈锡尼、塞浦路斯、希泰帝国以及巴比伦王国——连同他们为了购买铜和锡而建立的强大的贸易网络全都消亡了。地中海地区也进入了第一个黑暗时期。考古学家认为，与古罗马帝国崩溃后西欧所经历的长达几个世纪的中世纪黑暗时期相比，这个时期更加黑暗、落后。而当文明再次于近东地区和南欧崛起之时，其立足点已不再是青铜，而是另一种金属——铁。

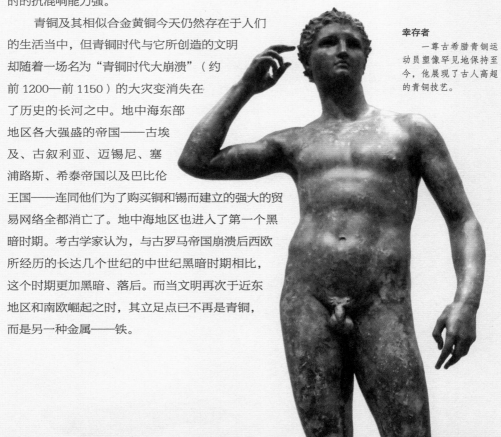

幸存者
一尊古希腊青铜运动员塑像罕见地保持至今，他展现了古人高超的青铜技艺。

条纹大理石
Alabastrum

类型：晶体，碳酸盐矿物
来源：沉积岩及温泉形成的矿床
化学式：$CaCO_3$

◎工业
◎文化
◎商业
◎科研

耶稣在伯大尼长大麻疯的西尼家里，有一个女人，拿着一玉瓶极贵的香膏来，趁耶稣坐席的时候，浇在他的头上。
——《圣经·马太福音 26：6-7》

肤容之美
人们常常用大理石般的光泽来形容肤色完美。

条纹大理石以其半透明的特质和优美的纹理深受人们的喜爱。在古代，它被用来制造随葬品、雕像或容器。

墓葬专用

古埃及人有着极为复杂的殡葬习俗。一开始，复杂的木乃伊制作和相关的神秘仪式，还有雄伟的坟墓以及奢华的随葬品是法老和皇室才能享受的待遇。但后来，随着时间的发展，木乃伊的制作范围扩大了，皇室之外的贵族，以致平民都被制成木乃伊，放入石棺安葬，去迎接其阴间的生活。古埃及人认为，人死后身体要保存得当才能让精神保持永生。在泡碱一节，我们将详细介绍木乃伊的制作过程。除保存身体的肌肉组织、骨骼和皮肤外，木乃伊的制作者还将死者的主要脏器取出保存。否则，这些脏器会腐烂，导致整个尸身逐渐变质。盛放脏器的容器名为卡诺匹斯罐或曰礼葬瓮，其制作材料便是条纹大理石。

虽然备受现代所谓"新时代"支持者推崇，但古埃及人的医学知识其实是相当有限的。他们认为人类意识存在于心脏，因此，就把心脏留在木乃伊身上，好让死者接受智慧之神托特的审判。死者的其他内脏则被取出，经防腐处理后放入四个不同的容器之中。这四个容器分别被献给名为荷鲁斯四子的四个神明。他们分别是隼首神凯布山纳夫，罐内装死者的肠子；狼首神多姆泰夫，罐内装胃；狒狒首神哈碧，罐内装肺，人首神艾姆谢特，罐内装肝；古埃及人的坟墓中还曾出土过条纹大理石制成的雕像、花瓶以及化妆品瓶或罐子等。

最珍贵的木乃伊

从巨大的条纹大理石岩中开凿出的石棺是从古埃及坟墓当中发掘出来的最不寻常的物品之一。这其中最为精美的就是目前陈列于英国伦敦约翰·索恩爵士博物馆的赛提一世（约死于前1279年）石棺。1925年，考古学家在现今开罗郊区的吉萨高地发掘时，发现了第四王朝王后海特裴莉斯一世的墓葬地。而她正是大金字塔的建造者胡夫（约前2589—前2566）的母亲。墓中葬有非常丰厚的随葬品，包括镀金家具、一个条纹大理石礼葬瓮以及一具密封石棺。众多考古学家喜出望外，以为自己发现了第一具来自金字塔时代的皇族木乃伊。

根据内室的规格和墓葬的状态，考古学家得出结论，该墓是王后的再葬墓。而她原来的坟墓极有可能是在她夫君的坟墓附近，位于吉萨北部达哈舒，并且在她下葬后不久就被盗掘了。考古学家把石棺打开后，发现里面是空的。原来盗墓贼把王后的木乃伊偷了出去，好扒下她身上穿戴的黄金珠宝和项链，但还不等他们将墓中其他随葬品偷走就被发现了。不过根据现场遗留的法老供奉给其母亲的食物祭品来看，古埃及官员没敢禀报法老他母亲的木乃伊已经遗失。空无一物的石棺被费了九牛二虎之力从达哈舒运到了吉萨，重新埋葬在100英尺（约30米）深的地下墓穴中，而可怜的法老对此却一无所知。

古今共鸣

今天，在埃及尼罗河畔的卢克索，人们仍然使用条纹大理石来为游客制作旅游纪念品。

实至名归

在玻璃广泛使用之前，条纹大理石在很多方面都扮演着玻璃的角色。人们把纤薄的条纹大理石石板镶嵌在窗户上。不过条纹大理石最多的还是被制成容器和花瓶。在古埃及，人们以棕榈树树干为原型，将条纹大理石制成圆瓶，盛放美容用品、精油和香水。古希腊人模仿埃及人用陶土、玻璃和金属做成这种圆瓶，并称之为alabastron，意即条纹大理石瓶。以古埃及和古希腊条纹大理石瓶为基础的圆瓶，在古代近东地区和欧洲极为常见。

明矾

Alumen

类型：矿物盐
来源：人造
化学式：KAl(SO₄)₂1·2H₂O；
Al₂(SO₄)₃

◎**工业**
◎文化
◎**商业**
◎科研

透亮无瑕
明矾晶体被当作天然
除臭剂销售。

明矾包括多种矿物盐，千百年来，被广泛应用于工业、医药、食品技术以及美容领域。历史上，明矾最重要的一种用途便是硫酸铝。它被作为一种化学固色剂，用于纱线和布料染色。

色彩意识

生活在现代世界的我们认为人造产品就应该色彩缤纷。但在新石器时代，人类制造的多数物品要么是沉闷的灰石色，要么是浅棕色、赭色或者土红色，再要么就是未经处理的动物毛皮及纱线的灰白色、黑色或棕色。大自然里，鲜花、昆虫和小鸟身上缤纷的色彩一定曾令古人着迷不已，但他们肯定也觉得这些色彩不适于各种器物。

当然，从实用角度看，陶器并不一定非得是棕色，布匹也不一定得是灰白色。不同的色彩并不能改变这些东西的形式和功能。但人类，尤其是跟自然密切接触的早期人类，从来都不会仅仅追求器物的功能。除了享受和欣赏色彩本身，不同的色彩也使得我们的祖先可以区分不同的社会地位（如帝王紫），表达不同的宗教信仰（如伊斯兰教中的绿色），以及对祖国的忠诚（如不同国旗上所使用的红色、白色、蓝色等）。

天然固色剂

在大自然的植物、矿物、贝类和昆虫身上，我们可以取得许多能产生缤纷色彩的物质。但一个问题随之而来，那就是在衣物被反复穿着、日晒雨淋或洗涤的情况下，怎样才能保证这些美丽的色彩不会褪去。因此天然染色剂的存在，意味着天然固色剂或曰"媒染"也是存在的。它们可以固定并增强纱线和成品服装的色彩。不过说到下文将提到的馊尿，不得不让人好奇，古人到底是怎么发现它能做固色剂的？！还有一种天然固色剂，是名为硫酸铝的化学物质。早在古代，硫酸铝就被用于多道染色工序，保护各种黄色、绿色、红色、粉色以

保持色彩

明矾在古代最主要的用途之一就是对应用于纱线和布料上的天然染色剂进行固色。

及紫色不褪色。

在今天的英语当中，短语 dyed in the wool 稍带贬义，指人的政治或社会观念保守，很难改变。但它的原意却并非如此。这个短语出自纺织业，指的是纱线在织成布料之前就被先行染色。与未经染色的粗纱线相比，这样的纱线价格更高，能给纺织业者带来更高的利润。在中世纪，纱线和布料出口是英国取得经济成功的基础。可惜当英国国王亨利八世（1491—1547）为了离婚而宣布脱离罗马教廷时，他无意之中也切断了英格兰染工的明矾供应。因为明矾当时主要来源于教皇国家。为了取代明矾，英国染工转而以馊尿浸泡页岩，取得其中的天然硫酸铝。

晶莹的除臭剂

钾明矾〔$KAl(SO_4)_2$〕是一种天然的止血抗菌剂。近年以来，它在西方市场一直用于制造喷雾型和滚珠型除臭剂。钾明矾能够杀死导致体臭的细菌。在东南亚，人们用它来防止体臭有几个世纪的历史。在印度阿育吠陀医学当中，明矾一直是一种处方药物。此外，明矾还被应用于中国传统医学领域。

我们永远也无法得知先辈们是怎样发现盐、发酵水果产生的醋、天然明矾以及馊尿这四样东西可以给纱线固色增色的。但几个世纪以来，这些东西一直都拿来当作固色剂。

——《染工手册》（1982），基尔·古德温著

铝
Aluminum

类型：金属
来源：天然金属形态极为罕见，通常提炼自铝土矿
化学式：Al

◎**工业**
◎文化
◎**商业**
◎科研

铝是地球上的一种常见金属元素。不过人类直到 19 世纪才掌握了分离和生产纯铝的技术。当今世界，我们在家中和工作场所随处可以见到铝制品的身影。如果要为 20 世纪中期形成的工业消费者社会寻找一个代名词的话，"铝时代"当之无愧。

铝时代的明星

什么东西可以集"铝时代"的技术、商业、社会、艺术以及经济成就于一身呢？笔者考量了许多不同产品。是飞机吗？因为飞机的大部分部件都是铝制的。又或者是电脑吗？电脑的制造同样大量使用了铝。然而再三思量之后，有一样东西很好地诠释了我们的消费型社会和生活方式，这就是用于包装啤酒和苏打水的铝罐。

读者也许会觉得这个选择有些可笑。但笔者越想越坚定地认为它就是最佳的代表。首先，铝罐几乎是由纯铝制成的，其中只添加了少量其他金属。其次，它是当下技术工业中最常见的大规模生产的产品。仅美国一国的年产量就达到了 1000 亿个（相当于每个美国人每天生产一个）。第三，其生产工艺是现代自动化生产的一个奇迹。第四，铝罐所包装的物品的功能、设计以及营销完美地诠释了我们的消费式生活方式。假若地球被小行星突然撞毁，只剩一个铝罐，外星飞船上的外星人只凭它就可以基本重建我们的科技、文化、外貌、生理以及生物化学技术。铝罐曾是我们一次性文化的终极代表，而现在，它又变身为资源回收的急先锋，成为

物以稀为贵
一开始，铝的生产难度非常高，因而比黄金还贵重。

关系地球环境健康，保护日益消失的资源的象征。

一切入罐

一次性铝罐曾是21世纪一次性文化的最佳象征。

价超黄金

铝虽然是地球上最常见的金属元素，但它很少以天然铝的形态存在。19世纪早期，英国化学家兼发明家汉弗莱·戴维（1778—1829）发现，明矾的金属基础是铝，因而他采用了明矾的字根alum，称铝为aluminum，来显示二者之间的关系。这是人类首次发现铝元素。丹麦化学家汉斯·克里斯蒂安·奥特斯（1771—1851）是19世纪上半叶成功制出铝的首批科学家之一。当时提取铝的种种方法十分耗时，成本也很高昂，而且产量极低，因此铝被看做是一种昂贵的新生事物，罕有实际应用。

铝一度比黄金更加稀少昂贵，被人们自豪地拿到世界各地的国际展会上展览。华盛顿纪念碑的建造者也因此决定在这座巨大的纪念碑顶部装上当时最大铝锭做避雷针。这个铝

《第十三元素》

在长达240页的《第十三元素》一书中，俄罗斯与铝的渊源被大加描写。该书由世界最大的铝业公司，总部位于莫斯科的俄罗斯铝业联合公司出版。尽管这本书永远不可能登上《纽约时报》的畅销书榜，但它详尽地描述了铝从古至今的历史，并专门开辟章节讲述了自苏联时期到俄罗斯时代的铝业情况。俄罗斯曾是世界最大的铝产出国，但现在已被中国超越。

铝箔

铝最常见的一种日常应用就是铝箔。铝箔出现前，人们用的是铅箔，因而在英国，人们有时会把铝箔误称为铅箔。铝箔最早出现在 1910 年的瑞士。稍后的 1913 年，美国也出现了铝箔。铝制包装可以使食品饮料免于光照、氧化、细菌和恶劣的气味。而且铝本身无毒，可大大延长产品的保质期。

锭重达 2.85 公斤（约 6 磅）。法国皇帝拿破仑三世（1808—1873）也对这种新型轻金属所具有的潜在军事价值和稀缺性很感兴趣。在皇家宴会上，一般客人只能用金质餐具，最尊贵的客人用的则是铝制餐具。想到今天铝做成的各种罐子、盘子等器皿都是最便宜的，现如今也以铝制器皿招待客人，想必都会大为光火吧。

1886 年，两位发明家——美国的查尔斯·霍尔（1863—1914）和法国人保罗·埃鲁（1863—1914）——分别发现了同一种具有商业价值的制铝方法。该方法被称为霍尔埃鲁电解法，通过电解冰晶石溶液中的氧化铝生产铝。这种方法将生产成本降低到了之前的二百分之一，很快被拿来进行大批量生产，使得铝可以被广泛应用于工业和家用领域。铝易于加工，耐用性强，防腐性强，而且比钢铁更加轻便。它最早的应用之一是在建筑领域。这是因为铝具有出众的重量强度比，在该领域是一

种非常具有吸引力的材料。霍尔和埃鲁的发现与铝的商业开发
出现其实并非偶然。由于铝的生产工艺要求有充足的电力供应，
而这时正好是欧洲及美国大范围实现电气化的时代。

飞机、汽车和火车

当今世界，铝的应用领域十分广泛。家庭当中，几乎每家
的厨房都备有铝箔用来烹饪或者打包剩下的饭菜。在建筑领域，
铝也得到了广泛应用。现代建造的房屋或公寓楼，门框和窗框
就有可能是铝制的。铝的质量较轻，因而
在飞行器设计等十分重视重量的领域是一
种理想的选择。虽然早在 20 世纪中叶就出
现了全铝制的车辆，但由于铝的生产成本
高于钢，因而多数汽车都是钢制的。不过随着 20 世纪末期以
来原油价格一路飙涨，铝制车身和零部件让车体重量下降的优
点，也使得铝在汽车行业的大范围应用变得更加具有商业前景。
1999 年，世界上第一辆全铝汽车在德国奥迪下线。尽管科学给
我们带来了许多的新材料，但铝丰富的应用性能意味着我们未
来几十年仍将生活在铝时代。

> 很快，地球到处都是塑料袋、铝罐、纸盘和一次性的瓶
> 子。人们再也找不到可以散步小憩的地方。他摇了摇头大喊
> 道："看这一片糟糕的垃圾呀！"
> ——美国专栏作家阿特·包可华（1925—2007）

轻型车辆
随着油价不断上
涨，质量轻便的全铝制
汽车开始变得具有成本
优势。

石棉

Amiantos

类型：硅酸盐
来源：提取自6种蛇纹岩和角闪岩矿物
化学式：$Mg_3(Si_2O_5)(OH)_4$；$Fe_7Si_8O_{22}(OH)_2$

◎工业
◎文化
◎商业
◎科研

表面看来，似乎是某种神明为人类带来了一系列矿物，以满足人类在不同历史阶段技术进步之所需。然而少数情况下，曾被人类当做天赐之恩惠的物质，实际上却是一种"诅咒"。石棉的情况似乎便是如此。石棉的使用导致了历史上最复杂、最昂贵，且耗时最久的职业病和工伤诉讼。

神奇的织物

古希腊人和古罗马人已知火焰无法烧毁石棉织物，因此认为它是一种具有魔力的物质，能抵挡魔鬼的力量（见后文）。在实际生活中，他们将石棉制成永久性棉芯，用于坟墓里的长明灯。他们还把石棉制成火葬用的寿衣，好把死者的骨灰与柴堆的灰烬分离开来。1世纪，古罗马有个叫老普林尼的作家兼博学者，虽然他对矿物做出过许多错误论述，但他是最早注意到石棉织工会患上呼吸系统疾病的人之一。尽管人类这么早就认识到石棉对健康的危害，但直到两千多年以后，外加付出无数条生命的代价后，人们才开始在发达国家控制石棉的使用。

早在中世纪，人们就对石棉织物有了记载。著名的查理曼大帝（747—814）被称为西欧自5世纪以来第一位"罗马人的皇帝"（虽然他本人其实是法兰克人，而法兰克人则是颠覆西罗马帝国的野蛮人的后裔）。他就拥有一张石棉制成的桌布。盛宴过后，他总喜欢把这桌布扔入火中，烧掉污物，再把它从熊熊火焰中毫发无损地取出，令宾客惊叹不已。据说教皇亚历山大三世以及传说中的中亚基督教王国统治者长老约翰也都拥有石棉制成的长袍。

在前工业时代，石棉极为稀少，当时，人们的平均寿命较现在为短，因此，因石棉导致的死亡现象应该是非常少的。石棉从19世纪开始在发达国家得到了

石棉的应用
尽管人们早在古代就认识了石棉，但直到19世纪才开始在工业领域大范围使用石棉。

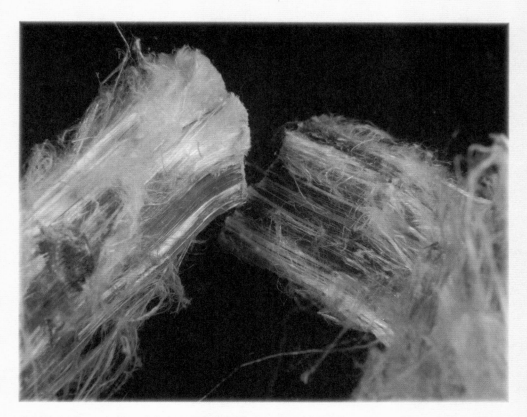

广泛的应用。一开始，人们只是把石棉混纺入织物，制成绝缘织物。但到了 20 世纪，石棉开始被大量应用于建筑行业的方方面面，包括防火涂料、混凝土砖、管道及管道绝缘、地面材料、天花板材料、屋顶材料、花园家具以及防火石膏板。20 世纪 50 年代，美国香烟厂商剑牌首次发明了过滤嘴香烟，在其专利过滤嘴"微粒体"中使用了石棉。20 世纪 90 年代以前，石棉还被应用于汽车的刹车片和刹车制动片，这也是环境当中一个主要的石棉微粒来源。

石棉是 6 种不同的纤维矿物的统称。这些纤维矿物包括温石棉、铁石棉、直闪石、阳起石、青石棉以及透闪石。温石棉的纤维呈蛇形（或曰曲线形）其余五种则为闪石状（即针状）。温石棉也称白石棉，是地球上最常见的石棉矿物，占石棉产品总量的 95%。铁石棉（或曰褐石棉）产于南非，青石棉产于南非和澳大利亚，对人类的健康危害最大。当前世界上最大的石棉出产国是加拿大和俄罗斯。

有害纤维

人们在织物中加入石棉纤维，使其具有绝缘性。但由于石棉纤维能引发石棉肺等疾病，许多国家全面禁止使用石棉。

好房子用"耐久棉"——永不损坏的好材料。产品不需油漆粉刷，耐火，耐白蚁，优于木材。经济实惠，易于维修，损耗低。
——澳大利亚 1929 年的石棉产品广告

无形杀手

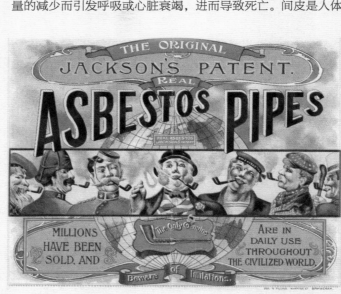

与恶名在外的砷和水银不同，石棉并不是一种能迅速攻击并破坏肌体组织和器官而致人死亡的有毒物质。通常，它所引发的疾病和死亡是因为病人长期暴露在石棉纤维环境里。大部分受害者是石棉矿场或者石棉工厂的工人及其家属。这些工人衣服和身体上所携带的石棉纤维导致其家人暴露在石棉纤维环境中，因而患病或丧生。建筑工人在翻新建筑物时也会频繁地搬运或接触石棉制品。因此除非佩戴呼吸过滤器并且身穿防护服，否则他们也会面临石棉的伤害。不过，那些在翻新自己的房屋时有可能接触石棉的读者则不必担心，偶尔接触一次石棉并不会致病。

石棉纤维由极为精细、易碎的分子晶格构成。即使搬运石棉产品的成品也会令石棉纤维破碎成为肉眼无法看到的分子级碎片进入空气，并被吸入体内。长期暴露在石棉纤维中会导致两种疾病——石棉沉滞症和间皮瘤。前者是一种慢性肺炎，病因在于石棉纤维导致的肺部结疤。病情最严重的病人会因肺活量的减少而引发呼吸或心脏衰竭，进而导致死亡。间皮是人体

缓慢而致命

人若长期暴露在石棉的细小纤维中会患上疾病。

致命烟草

石棉曾被用来制造烟草产品，包括烟斗和过滤嘴。

内部器官的一层保护性黏膜，间皮瘤则是一种与石棉有关的间皮肿瘤。病人有可能在暴露于石棉纤维20到50年以后才表现出相关症状。

直到19世纪晚期，人们才开始注意普林尼有关石棉危害性的警告。1899年，英国病理学家蒙塔古·默里对一名石棉工厂工人的尸体进行了解剖，证实了死者肺部石棉纤维的存在。他相信正是这种物质导致了这名工人的死亡。随后，美国和英国出现了越来越多的证据，证明石棉与呼吸疾病之间存在关联。但直到1924年，英国才正式确诊了第一例石棉沉滞症。20世纪40年代，人们证实了石棉与间皮瘤之间的关系。此时，美国各大石棉生产商已经意识到石棉会损害自己工人的健康。他们开始资助石棉相关疾病的医学研究，但又要求研究结果不得公开。20世纪40年代到80年代，美国的石棉厂商采取手段掩盖了石棉相关疾病的医学证明，并且成功游说立法部门，致使保护石棉工人和公众的相关法律未能通过。

20世纪80年代，发达国家政府终于开始控制石棉相关产品的进口和使用。欧盟、日本、澳大利亚以及新西兰立法全面禁止使用石棉，并立法拆除学校、医院以及其他公共建筑中的石棉，随后，拆除范围扩大到私人住所。令人遗憾的是，石棉在许多发展中国家的使用范围却不断扩大。1989年，美国环境保护署发布了《石棉禁令及逐步淘汰法案》。1991年，该法案在法院遭到起诉并被推翻。这意味着石棉仍可以应用在美国的消费性产品中。石棉损害官司是到目前为止最复杂、最耗时的法律官司。早在20世纪20年代，石棉工人就打起了第一场石棉损害官司，直到今天，集体诉讼仍在进行。而仅美国当地的石棉诉讼案的诉讼成本就高达2000亿美元。

张冠李戴?

严格说来，石棉的英文名称应该是"amiantos"。遇水会升温的生石灰在希腊语中被称为asbestos（意即不灭的），而可织入防火织物的纤维物质亦叫作amiantos（意即洁净的）。罗马作家老普林尼（25—79）错把两者搞混了。他给后者赋予了神奇的力量："它可抵御咒语，尤其是东方三贤所说的咒语。"他还相信（当然，又错了）石棉来源于植物，而不是矿物。

琥珀

Anbar

类型：有机矿物
来源：树脂化石
化学式：$C_{10}H_{16}O$

◎工业
◎文化
◎商业
◎科研

琥珀是史前树木渗出的汁液所形成的化石，是一种来源于有机物的亚宝石。连接波罗的海和地中海地区的"琥珀之路"是一条重要的贸易通道。自新石器时代起，琥珀一直是这条贸易通道上最贵重的商品之一。尽管当今世界有着严重的琥珀仿制和造假现象，但琥珀仍然是一种非常受欢迎的宝石饰品。在俄罗斯和波罗的海地区尤为如此。

天然塑料

彩色玻璃及塑料发明之前，琥珀在人们眼中是一种神奇的带有魔力的物质。打磨之后，最上等的琥珀会呈现出蜂蜜一般光滑透明的金棕色，十分引人注目。稍次之的琥珀则是不透明的，呈黄棕色。琥珀质地较软，可以雕刻，而且可以被加热改塑成不同的外形。树木和蕨类植物几百万年前渗出的汁液所形成的化石造就了琥珀。有些情况下，树脂流下时，会包裹不同的有机物质，形成琥珀中的包裹物。其中尤以含有昆虫和无脊椎动物的琥珀最受人追捧（见引文）。裹于其中的某些生物早已灭绝，因此琥珀不仅能满足人们的好奇心，而且蕴藏着巨大的科研价值。这是因为琥珀与常见的平面石质化石不同，它完整地保存了栩栩如生的昆虫和无脊椎小动物，而石头化石只能呈现动植物的平面形象。不过可惜的是，琥珀并不能帮我们使早已灭绝的哺乳动物和爬行动物复活（见下文）。

根据出产区域的不同，不同的琥珀暴露在紫外线下时会呈现出蓝色、黄色、绿色和红色等不同的荧光色彩。多米尼加共和国出产的琥珀最大的特点就是，放在阳光下会呈现出绚丽的蓝色，因此被称为"蓝琥珀"。而当我们对着阳光

在此，我们见到了埋葬且永远保存在琥珀之中的蜘蛛、苍蝇或蚂蚁。它们的坟墓是如此华丽而辉煌。

——弗朗西斯·培根爵士（1561—1626）

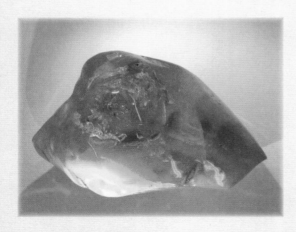

观察它时，它又变得像波罗的海琥珀一样，呈金棕色。之所以会出现这种现象并不是因为琥珀自身的色彩，而是因为光线从不同角度穿过琥珀时会呈现出不同的色彩。这是光线玩的一个小把戏。

令人遗憾的是，进入现代，由于琥珀与人工塑料和聚合树脂构造的相似性，让琥珀收藏走向了没落。琥珀不仅丧失了自身外表的独特性，而且极易被现代材料仿冒。造假者练就了多种技术去蒙骗那些不够仔细或是轻易相信别人的买家。除了那些塑料和合成聚合物做成的纯假琥珀，造假者还使用一种名为柯巴脂的琥珀半成品冒充真琥珀。虽然柯巴脂也是已经固化的树脂，但其形成时间非常短，有时只有短短几百年的时间，而且它的结构也没有完全稳定下来。也就是说，它不像天然琥珀那样质地密实，也不如天然琥珀强度高。另外，真正的琥珀可以经加热、加工，将多块小琥珀合成一整块大琥珀。琥珀还可以跟柯巴脂融化在一起，形成一种复合物质。造假者在假货中加入动植物，用现代的昆虫仿冒其史前的祖先，来提高这些假琥珀的价值。要分辨琥珀是不是用塑料假冒的，最简单而且对琥珀破坏最小的一种方法就是用紫外线照射，看看它是否能发出荧光。

立体化石

包裹有机物，尤其是昆虫的琥珀价值更高。

恐龙琥珀

在小说及电影《侏罗纪公园》中，科学家通过分离琥珀中蚊子吸取的恐龙血液中的DNA使恐龙复活。虽然这在理论上是可行的，但遗憾的是，以人类现有的技术水平，这实际上是无法实现的。琥珀中发现的最古老的蚊子距今有10亿年的历史。当时地球上遍布着恐龙。然而需要特别指出的是，DNA会逐渐退化，琥珀中的恐龙DNA样本有可能并不完整、排序混乱，并且和蚊子自己的基因物质混合在一起。因此复活恐龙的难度是相当高的，甚至可以说是不可能的。

琥珀之王

琥珀的英文 amber 来自阿拉伯语 anbar。不过,阿拉伯人犯了个错误,把制香业中使用的龙涎香 ambergris 跟琥珀搞混了。考古学家推测,琥珀贸易以及连接波罗的海跟地中海地区的琥珀之路出现于新石器时代(距今10000至7000年前)。与丝绸之路相似,琥珀之路并非单指一条道路,而是指由多条陆路及水路组成的交通网络。不同的是,丝绸之路连接的是中国与地中海地区。就像是丝绸之路上的商品一样,琥珀并不是由商人从波罗的海一路直接运到地中海地区的埃及这样的地方。人们曾在埃及图坦卡蒙(约前1341—前1323)的墓葬中发现了琥珀。琥珀原石和成品的贸易应该是在相邻地区之间进行的。一个复杂的商业贸易网络将商品从波罗的海输往南欧以及近东地区,并把埃及和黎凡特的商品输送到了斯堪的纳维亚半岛和俄罗斯地区。琥珀也是通过这一贸易网络逐渐被交易到了琥珀之路的南部地区。

1099年,第一次东征的十字军部队从一个四分五裂的伊斯兰帝国手中再次攻占了基督教圣地耶路撒冷以及当今土耳其南部、亚美尼亚、黎巴嫩、叙利亚以及以色列地区。后者当时正忙于帝国内部的权力斗争,无暇顾及西方来的一支小股入侵部队。耶路撒冷位居麦加和麦地那之后,被尊为伊斯兰教的第

重现辉煌

俄罗斯琥珀厅二战期间为德军所洗劫,后人煞费苦心为其重建复原。

北方的宝藏
波罗的海地区所产的琥珀是条顿骑士团最主要的财富来源之一。

三大圣地。它的沦陷极大地刺激了穆斯林国家，他们奋而组织反攻。不过那些十字军所建立的国家一直挺立到了 13 世纪末期。十字军东征的一大遗产就是建立了多个骑士团，如圣殿骑士团、医院骑士团以及条顿骑士团。这些骑士团背负起了再次攻取并保卫圣地的十字架。

从近东地区被排挤出去之后，各个骑士团在欧洲找到了自己的新角色。有的继续行使着自己的使命，抗争伊斯兰教的西扩。但其他骑士团，如条顿骑士团，则在当时尚是异教徒控制的北欧扎下了根。与圣殿骑士团相似，条顿骑士团纪律严明，组织分明，他们变得极有权势，甚至能挑战当地统治者，并建立自己的帝国。随着 1387 年北欧最后一个异教徒国家皈依基督教，这些骑士转而开始扩张自己的政治势力，发展其商业帝国。15 世纪早期以前，他们一直控制着波罗的海到南欧和西欧之间利润丰厚的贸易，并以自己买卖的最贵重的商品之一自称为"琥珀之王"。随着波兰和立陶宛两地的民族国家不断壮大，他们开始挑战条顿骑士团。1410 年格伦瓦德大战中，波兰人和立陶宛人击溃了骑士团的势力。不过，条顿骑士团一直存续到了 19 世纪，直到拿破仑一世（1769—1821）最终将其解散。

真的？假的？
琥珀是一种广受欢迎的制造珠宝的宝石，但很容易被人们拿现代的合成树脂假冒。

白银

Argentum

类型：贵金属
来源：天然形态的白银甚为
罕见，多提取自矿石
化学式：Ag

◎工业
◎文化
◎商业
◎科研

非纯金属

黄金通常以纯金块的形态存于地球。白银与之相反，一般是跟其他金属，尤其是铅共存于矿石之中。

自古以来，白银就是一种铸币材料。在纸币出现以前，它一直是一种主要的商品交易货币。前5世纪，人们在希腊发现了一座巨大的银矿。这不仅改变了历史，也保护了西欧文明的传承。虽然在今天，白银的价值比不上黄金和白金，但仍然深受人们的喜爱，被制成各种首饰、家居饰品、餐具、体育奖杯、奖牌以及纪念币。

帝国的反击

若不是人们在前5世纪希腊东部的阿提卡地区意外发现了银矿，今天的我们也许会生活在一个截然不同的世界里。历数历史上近东地区和亚洲对欧洲的军事威胁，有5世纪匈奴王阿提拉（死于453年）进攻罗马，有7世纪伊斯兰教军队入侵欧洲，还有13世纪蒙古人侵略欧洲。不过对西方国家最大的威胁出现在前5世纪，当时波斯帝国两次试图征服欧洲文明的摇篮——古希腊城邦雅典。前480年，雅典沦陷，波斯人兴奋地捣毁了雅典卫城，一把火烧毁了那里古老的寺庙和雕像，整个城市被夷为平地。

然而雅典的人民和军队十分明智地撤出了雅典城，并且雅典人和他们的盟友取得了两场超凡的胜利。历史也证明，这两场胜利对欧洲文明的延续也是具有决定性作用的。第一场胜利是发生在海上的萨拉米斯海战（前480年），第二场则是发生在陆地上的帕拉提亚战役（前479年）。这些战役阻止了波斯帝国不知休止的西扩进程，并给波斯势力以致命打击；为马其顿国王亚历山大大帝打败波斯国王大流士三世，建立疆域覆盖希腊至当今巴基斯坦的希腊帝国铺平了道路。

但让我们先将时间倒回到前499年。希腊孤军面临着当时最强大的

帝国——波斯的威胁。那时的希腊并不是一个统一的国家，它不过是一些城市和岛国的联合体，其范围包括希腊本土、爱琴群岛以及小亚细亚（今土耳其）的伊奥尼亚。几个世纪以来，希腊一直都在城邦自治中相互制衡，各自为政，而非有一个强大的统一体用以对抗外部共同的敌人。但在被征服或者说灭族的威胁面前，迫使他们暂时联合了起来。其后，由于最终无法成功抗击波斯人，伊奥尼亚还是屈服于波斯的压力，接受了大流士的统治。尽管这种效忠只是权宜之计。希波战争初期（前499—前449），战争一直朝着有利于波斯的方向发展。波斯大军轻松镇压了发生在伊奥尼亚的叛乱，进而挥师希腊，以报复希腊支持这场叛乱的城市。波斯帝国控制着近东地区和埃及，因而拥有丰沛的财力，并且拥有强大的军事力量，这其中还包括一支欧洲部队从未遭遇过的印度大象军团。

看起来，大流士一世（前550—前486）指挥的大军所向披靡，希腊也必将沦陷。当时，希腊身后是正在成长起来的西欧，其范围包括位于意大利南部、西西里岛和法国南部的希腊殖民地，北非的腓尼基王国迦太基及其位于西班牙南部的殖民地，伊特鲁西亚以及意大利中部半开化的拉丁地区，还有来自意大利北部、高卢、伊比利亚和不列颠的凯尔特民族。波斯若是要攻击雅典和斯巴达，整个西欧世界根本不是它的对手。

希腊的胜利

成功击退波斯的入侵使得亚历山大大帝功成名就。

银婚

在西方，人们称持续25年的婚姻为银婚。最早把白银跟结婚纪念日联系起来的是中世纪的德国。家人跟朋友会送给结婚25年的夫妇一个银环。在那时，人们的平均寿命还不到40岁，能够持续25年的婚姻估计是非常少见的。

拥有波斯面目的和平女神

若是大流士或是他的继承人薛西斯一世（前519—前465）取得了希波战争的胜利，历史的发展将走上另一条让人遐想无限的道路。这也就是说在欧洲大陆会出现一个由大流士及其后人建立的波斯式文明，而非由亚历山大大帝建立的希腊式文明。尽管在电影《斯巴达300勇士》（2007）中波斯人的形象极为怪异，但实际上他们并非身穿奇装异服、一脸浓妆、满身文身打洞的嗜血怪物。对于胜方希腊（也是留下战争记录的一方）来说，波斯人代表着堕落、腐败以及东方专制主义中一切最坏的方面。然而事实证明，接替大流士三世统治的亚历山大大帝同样暴虐成性，极为腐败。他终结了希腊的独立和雅典的民主，而这正是大流士和薛西斯所威胁要做的。亚历山大的胜利，为一个更加暴虐且文化单一的罗马帝国奠定了基础。

与许多古代帝国的创立者一样，波斯人并没有寻求建立一个文化一统的帝国，强迫被征服的民族使用自己的语言，信仰自己的宗教，采用自己的体制。每征服一个国家，波斯人都会指定一个波斯执政官（或曰总督），取代原先的统治者。并且，他们还通过当地原有的体制和精英人员进行统治。实际上，这是一种致命的错误。尽管后来的帝国统治者，如马其顿和罗马帝国，都强迫被征服民族接受自己的文化，但波斯人并未这么做。当然这并不是说，后来某个更具有远见的波斯统治者不会把同化被征服民族当做自己帝国存续的唯一方式。

尽管希腊人口口声声称波斯人为野蛮人，其实他们自己才是真正的野蛮人。波斯文化可以追溯到存在于前4000年的埃兰古国，而且波斯帝国拥有近东地区最早的文明——古巴比伦文明、古埃及文明以及腓尼基文明。相比而言，尽管希腊人对自己的数学、哲学和民主成就极为自豪，他们不过是些没开化的后来人罢了。波斯人信奉拜火教，这是一种复杂的宗教，信奉的不是众多以人或动物为原型的神明，而是一种二元论教义，该教义以善与光和暗与恶之间的冲突为基础。拜火教虽然不是一种一神论式的信仰，但在犹太教、基督教以及伊斯兰教这三大宗教的历史

银币

在古罗马帝国，迪纳厄斯银币是主要的流通货币。

上扮演了重要的基础性角色。在其
他领域，如建筑、艺术和文学，
波斯文明与希腊古典文明旗鼓
相当。因此，虽然波斯文化主导
的世界与当今世界必然有着天壤之别，但
在当时文明中的领先地位并不可与现在同日而语。

雅典的"木墙"神谕

　　据说雅典以创立民主制闻名于世，不过这一点还需要深究
一下。雅典城不允许外来人、妇女、未成年人、奴隶以及精神
病人投票。这意味着在阿提亚大约 50 万的总人口当中，选民
只有约 43000 人。而且由于其市民议会所在地位于雅典城山泽
女神山的普尼克斯山上，住在城外的选民其实很难定期参会，
所以其实际数字可能更少。市民议会由选举出来的地方行政官
和将军主持，其法定参加人数为 6000 名公民。在前 483 年决
定雅典命运的那次会议上，参会的人数大约也是这么多。之所
以提到这次会议，是因为前 483 年左右，希腊人在阿提卡东海
岸的拉夫里翁意外发现了一个储量丰富的银矿。在黄金极为少
见的希腊，这可算得上是天上掉下来的财富。

　　希腊人需要在这次会议上决定如何分配这意外之财。本

白银储备
　　在黄金产量稀少
的地区，货币曾以银
锭为主。

意外之财
　　雅典的财富来
自于阿提卡东部拉
夫里翁的银矿。

来，会上有可能投票赞成把银矿的收益在自己内部进行分配（得承认，我们大部分人都想这么做），但众人被政治家地米斯托克利（前524—前459，见后文引文）雄辩的议论所折服，转而投票赞成用这些钱建立一支200艘战舰规模的海军。截至前480年，希腊人已经建成了其中的100艘。这次投票在历史上画下了重重的一笔。波斯人第二次入侵雅典之前，希腊人去圣地特尔斐寻求阿波罗神谕，自己该怎样应对此次入侵。神谕指示雅典人应该放弃雅典，把自己的命运寄希望于"木墙"。

ПРИРОДА и ЛЮДИ.　　467

Ѳемистоклъ передъ Саламинской битвой приноситъ въ жертву трехъ персидскихъ дѣвушекъ

少数顽固抵抗派认为这木墙指的是保护卫城及其神殿的木栅栏，他们准备在此抵抗波斯人的围攻。但多数人则接受了木墙指的是雅典新造的海军军舰这一说法。他们撤到海对面相对安全的萨拉米斯岛上。尽管雅典的军舰数量仅有波斯的一半，但他们的军舰由三层划桨战船组成，速度更快，装备更好，机动性也更强。在接下来的战斗中，希腊人引诱波斯人进入了狭窄的萨拉米斯湾。在这里，波斯人数量众多的战船毫无优势，反而给自己造成了障碍。他们无法顺利调遣，丧失了有效组织。而在另一方面，希腊人已经毫无退路，决心跟他们决一死战。因而在希腊人的攻击下，波斯人遭遇了惨败，损失了300艘战船。稳坐在陆上黄金宝座上观战的薛西斯目睹了这场鏖战，被迫率领自己无往不利的大军败退回亚洲。此时他意识到，不掌握海上主动权，自己不可能压制希腊。

拉夫里翁的白银遗产

尽管雅典城被夷为平地，但雅典人及其盟友赢得了战争的

首先，雅典人习惯于将拉夫里翁银矿的收益进行内部分配。（地米斯托克利）是第一个有胆量提议应该终止这种分配方式，而应拿钱造船的人……用这笔钱，雅典人造了100艘战船，之后他们用它们打败了薛西斯。

——节选自《希腊罗马名人传》，普鲁塔克（46—120）著

胜利，波斯势力被彻底击败。作为联盟的主力，再加上自己的海军力量最为雄厚，雅典在战后主导了整个爱琴海地区，建立了自己的帝国。通过战争的胜利，雅典式民主被认为比其他政治模式更为优越。而且到了18世纪，法国、英国和美国等国的民主改革派和开国之父也纷纷将目光转向古雅典，试图寻找治国的灵感。

　　在艺术方面，雅典的胜利同样也带来了深远的影响。古雅典政治家伯里克利（约前495—前429）主宰雅典政坛40多年，实现了这个城市的"黄金年代"。在此期间，雅典卫城被毁的神庙被重建，为世界贡献了伟大的帕特农神庙和伊瑞克提翁神殿。这二者是罗马古典建筑和18—19世纪新古典主义建筑的源泉（参见大理石一章）。在艺术、戏剧和文学的各个领域，西欧文化都与古雅典息息相通。尽管1456年伊斯兰势力征服希腊后，雅典城及其辉煌也随之被毁，但借由拉夫里翁的白银提供动力，雅典民主文化的理想和成就存续且繁衍着，并成就了现代西方文化的基础。

雅典的财富

　　雅典在希波战争中取得的军事胜利为这座城市带来了大量的财富。

白银年代

　　拉夫里翁的银矿一直开采到19世纪。

黏土
Argilla

类型： 页硅酸盐
来源： 缓慢的矿物沉积和侵蚀
化学式： $Al_2(SiO_3)_3$

◎工业
◎文化
◎商业
◎科研

人类最初是以神为原型，用黏土被创造出来的。这一说法并不为基督教所独有，其他亚洲、美洲、非洲以及近东地区的宗教当中也有这样的说法。以黏土为造人的原料，这种传说似乎证明了黏土对早期人类的重要性。他们拿黏土制作容器、炊具、雕像以及乐器。从史前时代一直到今天，黏土经日晒或烧制而成的砖块瓦片是最常见、用途也最广泛的建筑材料之一。

糖醋猛犸肉

根据考古资料，人类与黏土之间的关系并非始于盛放食物或水的容器，抑或炊具之类的功能性物品，而是低温露天篝火当中烧制出来的人和动物小雕像。在捷克共和国的维斯特尼采（见下一页）出土了几千件黏土小雕像和球形物。这些黏土制品有可能是在宗教仪式中被故意毁掉的，因为它们全都被打碎了。法国拉斯科洞窟动物壁画（距今约 1.73 万年）比之稍晚，但据推测，那里的壁画创作也是出于相似宗教目的。捷克所出土的小雕像出现在我们的祖先开始定居之前。那时，他们过着狩猎动物，采集植物的生活，使用石头、木头以及骨头制成的武器和工具，追逐赖以生存的狩猎对象而居。

> 耶和华神用地上的尘土造人，将生气吹在他鼻孔里，他就成了有灵的活人。
> ——《圣经·创世纪 2：7》（钦定本）

2004 年考古学家发掘的当时最古老的陶制器具出土于中国湖南省的玉蟾岩洞窟，距今有约 1.8 万年历史，属旧石器时代晚期（距今 4 万到 1 万年）。玉蟾岩曾被猎人当作宿营地，2009 年，考古学家在这里发现了两片陶釜的残片和石制工具，还在一个火炉中发现了木炭、炭灰和动物骨头，说明这些东西也许曾被用来烹制旧石器时代版的糖

土质优良
黏土矿遍布世界各地，易于取用。

醋猪肉。还有观点认为世界上最古老的陶器来源于日本绳纹时代（前12000—前300）。与人类其他许多发明一样，制陶技艺很可能也是在不同地区分别出现的。不过，陶器首先出现在东亚这种说法应该是正确的。世界上某些最优良的陶瓷器就出产在东亚。

在古代美洲、非洲和近东地区，制陶工艺是独立发展起来的。在距今6000到8000年前，美索不达米亚地区的人们发明了陶工旋盘。在此之前，人们采用的是手制或者轮制方法将黏土制成罐子。早期陶器是在篝火或是简易坑窑中烧制的，其烧制温度相对较低，这就要求其造型为简单的圆形，以防烧裂。专用陶窑的出现使得陶器的烧制温度可以大大提高，而且随着这种陶窑的发展，陶器的外形和设计的多样性也大大丰富了起来。今天，陶器仍然是餐具、咖啡或茶具、花瓶及装饰用品的首选用具。

众神之殿

在缺乏石材和木材的地区，人类开始定居时，自然而然地选择了以黏土为建筑材料。世界上最著名的早期建筑之一就是用烧制的黏土砖建造的——

他们彼此商量说，来吧，我们要做砖，把砖烧透了。他们就拿砖当石头，又拿石漆当灰泥。他们说，来吧，我们要建造一座城和一座塔，塔顶通天。

这是《圣经·创世纪11:3-4》（钦定本）中对巴别塔的描述。后文中，愤怒的耶和华惩罚了人类的狂妄，变乱了他们的口音和语言，并使他们分散到了世界各地。尽管《圣经》中的这一事件并无考古证据支持，但在美索不达米亚（今伊拉克）和埃兰古国（今伊朗）旧址，人们发掘出许多用晒制泥砖和烧制泥砖建造的类似金字塔的建筑，并将其称为庙塔。最古老的庙塔是美索不达米亚欧贝德时期（距今约5800年到8500年）的庙宇和神殿。这些巨大的庙塔呈矩形，用晒制的泥砖建造而成，

象征

人类社会的早期雕塑——比如右边这个土偶——都是以人和动物为原型。

泥胎女神

现今被发现的最古老的陶制品既不是炊具，也不是水碗，而是一尊名为"爱神"的雕像。这尊雕像出土于捷克共和国的下维特尼采，属于旧石器时代晚期的格拉维特文化（距今约28000年到22000年）。尽管名为爱神，她可跟时代更晚的古希腊罗马同名女神没有任何瓜葛。这尊小雕像高4.4英寸（约11厘米），有着丰满的乳房，粗壮的腰身和适宜生育的臀部，就像那种在你家附近超市常见的推着购物车的妇女。当然，女神身上穿的比她们少了一点。雕像的面容几笔雕刻简略带过，所以不太可能是某个生者的雕像。鉴于随她一同出土的还有被砸碎的动物雕像和泥球，这个雕像有可能是用于某种宗教仪式的。

通天巨塔
一幅再现巴别塔的画作表现出了与庙塔的相似性。

高耸在平台上。

即使在气候相对干燥的伊拉克，晒制的泥砖也会很快出现侵蚀。针对这一点，古代苏美尔人和巴比伦人并不是将建筑推倒原地重建，而是在原来的建筑中堆满泥砖，并在顶上建造新房屋，使得建筑变得越来越高。这些建筑遭到遗弃和自然侵蚀后，就形成了像多层蛋糕一般的台形土墩。19 世纪时，欧洲考古学家为了寻找《旧约》当中提到的城市，如巴别城和乌鲁克，对这些台形土墩进行了发掘，从而发现了乌鲁克、乌尔和巴比伦古城的遗址。一座庙塔耸立在这些城市的中心，那是人们进行宗教崇拜的主要场所，也被当做城市守护神的居所。人们相信神明确实居住在那里。在埃及，石头堆砌而成的金字塔是坟墓，其地下或内部建有墓葬室。而庙塔则是一种带台阶的实心金字塔。人们可以经由坡道或外部台阶走到被

陶轮
制陶史上最关键的进步之一就是陶轮的发明。

当做圣坛的平台上。庙塔内部是晒制的泥砖，表面则铺以上了不同釉色的烧制泥砖。这些釉砖不仅可以起到装饰作用，而且可以保护内部的晒制泥砖。

最著名的庙塔名叫厄特默南基（意为天地之基）。它不仅是巴比伦城的主神马尔杜克的庙塔，或许也是《圣经》巴别塔的原型。尽管今天这座庙塔已经所剩无几，但古希腊历史学家希罗多德（约前484—前425）说它高300英尺（约91米），底座300英尺见方。塔有7层，表面覆有五彩釉砖。人们可以踩着三条互相连通的楼梯登上最顶层的巨大神殿，那个供神明居住的地方。根据希罗多德的描述，神殿当中并没有供奉神像，而是设有一张巨大的长榻和一张金桌，是马尔杜克人间"新娘"居住的地方。前4世纪，亚历山大大帝下令拆除了厄特默南基庙塔，意图将其重建为一座规模更为宏伟的庙塔，然而他的早逝令这个计划半途夭折。人们19世纪发掘巴比伦时，只发现了一个巨大的地基。

无出其右者

世界上最大的泥土建筑——马里的杰内大清真寺。

砷

Arsenicum

类型： 类金属
来源： 天然砷以及含砷矿石
化学式： As

◎工业
◎文化
◎商业
◎科研

砷：名词。一种深受女性喜爱的化妆用品，并对其有极大影响。
"吃砷吗？对，能吃多少吃多少。"他赞同地大声说，"最好是你吃，别放到我的茶碗里。"
——乔尔·哈克《魔鬼辞典》（1911），安布罗斯·比尔斯著

司空见惯
尽管我们把砷当作一种有毒物质，但它在环境当中是广泛存在的。

对于现在的读者来说，砷让人联想起的是维多利亚时代那些肮脏的谋杀案。那时，有人若是意图摆脱拖累自己的父母、子女或是配偶，砷是他们的首选毒药。然而，砷的历史远比这悠久，它在信史之前的医学、艺术、美容以及工业领域有着广泛的应用。

难以定义的元素

尽管砷具有足够的金属特性，和硅（Si）以及锑（Sb）被归入类金属类，但化学家可没有把它当作真正的金属。虽然砷作为一种毒药名声在外，但天然砷和砷的多种有机及无机化合物在环境当中是相对常见的，比如在土壤、植物、动物（尤其是鱼类和贝类）以及人体新陈代谢过程当中。在古代，中国、印度、希腊以及罗马人在自己的药方中都用到了砷。尽管我们并不了解古人的毒药配方，但他们很可能在其中也采用了砷化合物。

阿拉伯炼金术士阿布·穆萨·贾比尔·伊本·哈延（约721—815）被欧洲人称为吉伯。他是第一个制造所谓"遗产药粉"的人。遗产药粉就是砒霜，毒性剧烈，呈白色，且无论鼻闻舌尝都没有味道。有些杀人凶手就喜欢用这种毒药，达到他们摆脱拖累自己的亲人，谋取财产的罪恶目的。这种砷化合物的优点在于受害者无法通过口味或气味辨别它，而且砒霜中毒的表现与20世纪之前常见的致死因素如食物中毒、肠道疾病以及霍乱的表现极为相似。

毒墙纸

拿破仑可能是被绿色的墙纸给害死的。

杀人试验

砷可以以气体形式经皮肤吸收，或被混入食物饮料食用，但后一种方法才能真正实现谋杀的目的。依服食者年龄和健康状况的不同，砷的致死量在125毫克到250毫克之间。剂量够高的情况下，受害者会在其肌体排泄毒素的过程中产生头疼，并继以呕吐和腹泻。但是，砷一旦被主要脏器所吸收，受害者就会出现盗汗、脱水、语言困难、胃痉挛、尿道和肛门烧灼痛、抽搐以及谵妄，之后24到48小时内出现昏迷，并最终死于心脏和呼吸衰竭。

若摄入剂量不够致死，砷受害者是可以恢复健康的。这是因为砷不同于水银等会在人体内沉积的毒药，它可以被排出体外，因而受害者可以完全康复。尽管如此，在许多情况下，由于要下毒的人都是受害人所信任的配偶或亲人，而且砷中毒的症状与食物中毒相似，他们可以尝试不同的剂量，而不用害怕被人发现。我们无法确知长久以来有多少人死于砷中毒，但这个数字必定已经高达成千上万。19世纪之前并没有可靠的方法可以检测出砷，因此许多受害者都没被发现，或是被误当做死于有着相似症状的普通疾病。

设计死亡

拿破仑一世（1769—1821）是在被关押在圣赫勒拿岛期间被英国人害死的吗？人们分析拿破仑头发样本时，发现其中的砷含量超乎常规，因而引发了他被毒死的质疑。但拿破仑死于慢性中毒的可能性其实更大。这是因为拿破仑设施齐全的起居室内饰有巴黎绿配金色的墙纸，这种墙纸中含有一种名为舍勒绿的砷化合物染料。岛上气候潮湿，墙纸上生长的一种霉菌会把染料中的砷释放到空气中，进而导致拿破仑慢性中毒。还有一种说法认为，拿破仑体内的砷含量之所以这么高是为了保存尸体，以便将其长途海运回法国。

在投放毒药的历史上，先行者意大利波吉亚家族可谓世界上的"头号罪恶家族"。教皇亚历山大六世（1431—1503）便出身于这个家族，他在当红衣主教期间生下了好几个私生子。而波吉亚家族之所以有这个恶名，盖因他们随意使用"坎特雷拉"——一种据说含有砒霜的毒药。亚历山大的两个孩子，凯撒（1476—1507）和鲁克蕾齐亚（1480—1519）因使用这种毒药而臭名昭著。美丽的鲁克蕾齐亚总是借助自己的一枚中空戒指将毒药投入葡萄酒中让被害人喝下。几个世纪之后，另外一个意大利人——朱丽叶·托法娜（死于1659年）自己配制了一种毒药，名为"托法娜仙液"（可能含有砷和颠茄）卖给那些想摆脱自己丈夫的妇女。严刑拷打之后，她招供说自己给大约600名妻子提供了毒药，好毒死她们已经没用的夫君。之后，托法娜被处以极刑。

工业事故

在青铜一章中，我们就谈到了砷。青铜时代早期（距今

3200年—5300年），人们把砷和铜合铸在一起，制成"砷青铜"。同时含有砷和铜两种元素的矿石在地球上相当常见，人类第一次得到这种青铜也许就是源于一次意外。砷的添加使得青铜合金的强度比纯铜更高，更易于锻造，延展性也更强，同时还给它平添了一种类似银的光泽。锡青铜出现以后，砷青铜在某些地方仍然被制成薄板，用于祭祀或装饰，因而并未被立即淘汰。工业革命时期，砷化合物最常见的应用是在染料和色素当中。其中最受欢迎的是1775年由德裔瑞典化学家卡尔·威廉·舍勒（1742—1786）配制的"希勒绿"（亚砷酸铜 $CuHAsO_3$）。这种浓艳的翠绿色被广泛应用于墙纸（见前文）、壁挂、装饰织物以及布料当中。虽然有毒，但它还被添加到糖果和饮料中为食品着色。19世纪到20世纪早期曾出现多起大规模砷中毒事件。1858年，在英国布拉德福特，一批受

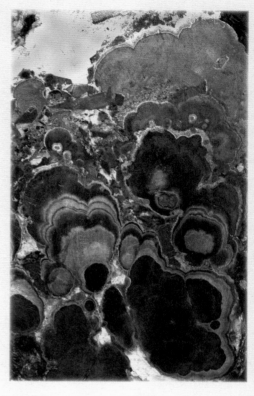

颜料

艺术家的颜料中，许多色彩都含有砷。

三氧化二砷污染的糖果导致22人丧生。1900年英国曼彻斯特，有6000人因饮用了含有砷的啤酒而中毒。而在距离现在并不遥远的1932年，一批残留着含砷杀虫剂的葡萄酒还导致一艘法国军舰上的全体官兵都中了毒。

有些砷中毒的情况既不是谋杀，也算不上工业事故，而是有人自己造成的。小剂量的砒霜可以促进新陈代谢（如前文所述），这一点古代中国和印度的医师都了解，他们会在处方中加上一定的砷。

18世纪晚期有一个假药贩子自称"福勒医生"，他往外卖一种名为"福勒氏溶液"的独家药水，药水中含有毒成分亚砷酸氢钾（$KAsO_2$）。尽管号称能医治百病，人们怀疑它会导致肝病、高血压和癌症。这种药水最有名的受害者之一就是查尔斯·达尔文（1809—1882）。人们认为他在壮年时期反复发作的神秘疾病就是服用这种药水上瘾造成的。

要命的色彩

亚砷酸铜是舍勒绿最主要的成分。

沥青
Asphaltos

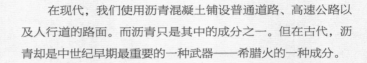

类型：树脂
来源：死亡微生物和海藻的高压产物
化学式：CS_2

◎工业
◎文化
◎商业
◎**科研**

防水材料
　　沥青最早的应用之一是用于船只和建筑的防水。

　　在现代，我们使用沥青混凝土铺设普通道路、高速公路以及人行道的路面。而沥青只是其中的成分之一。但在古代，沥青却是中世纪早期最重要的一种武器——希腊火的一种成分。

基督教国家的堡垒

　　对很多西欧人来说，古典时代终结于 5 世纪，此时野蛮人入侵，以意大利为统治中心的最后一个罗马皇帝——罗慕路斯·奥古斯都（约 460—490）也逊了位。尽管这位奥古斯都给自己起了个很伟大的名字，把罗马的开国元勋和第一位皇帝的名字都用上了，但他的统治却只持续了短短一年（475—476）。然而东罗马帝国，或曰拜占庭帝国却又延续了 1000 多年，直到 1453 年君士坦丁堡（今伊斯坦布尔）被奥斯曼土耳其人攻陷才最终消亡。800 年，神圣罗马帝国的第一位皇帝加冕成为西罗马帝国的皇帝。在此之前，东罗马帝国皇帝统治着原先整个罗马帝国这一说法曾存续了几个世纪。

　　拜占庭时代早期，整个帝国强敌环伺，遭受着来自北欧野蛮人，中亚以及波斯萨珊王朝（205—651，其前身是曾威胁古希腊人的波斯帝国）的威胁。萨珊王朝是第一千年期间的超级大国，也是拜占庭最大的对手和敌人。波斯和拜占庭之间的战争持续了几个世纪，双方各有胜负。然而在 627 年，罗马皇帝希拉克略（约 574–641）击溃了萨珊王朝的部队，彻底摧毁了波斯人的势力。他带着狂喜返回了君士坦丁堡，认为罗马帝国的辉煌即将重现。然而这却是历史上最大的反讽之一，希拉克略胜利的同时，一股即将永远改变世界的新的宗教势力——伊斯兰教——也形成了。

　　先知穆罕默德（570—632）去世之前，成功统一了阿拉伯半岛上冲突不断的各个部落，创造出了当时世界上最强大的战争机器之一。波斯人和拜占庭人之间常年征战，根本不是阿拉伯圣战者的对手。不过几年时间，联合

天然渗流

    沥青渗出到地表，形成巨大的沥青坑。

起来的伊斯兰教统治者的部队就吞并了波斯帝国、阿富汗以及现在巴基斯坦的部分地区，其势力从阿拉伯半岛向北扩张跨越近东地区，直到土耳其南部，向西则跨越北非直达伊比利亚半岛。希拉克略不仅没能保住罗马帝国，反而目睹了帝国几近沦陷，丧失了最富庶的省份，如叙利亚、巴勒斯坦、美索不达米亚（今伊拉克）以及埃及。各位读者也许会奇怪这一大篇的历史开场白跟沥青到底有什么关系。我们知道，沥青不过是铺设公路的沥青混凝土的成分之一。跟黄金和铀比起来，算不上是一种能令人兴奋的物质。然而在那个历史的岔路口上，沥青却是这世界上最重要的一种矿物。

    世界各地都能看见天然沥青的身影。当今最有名的沥青矿之一便是美国加州洛杉矶的拉布雷亚沥青坑（见右侧配文）。与石油等碳氢化合物相似，沥青来源于经高压作用的有机物质。在古代，沥青既是胶黏剂，又是一种灰浆，还是一种防水剂，被应用在船只、容器以及受洪水威胁的建筑上。

燃烧的海洋

    沥青虽然不像精炼汽油那样遇见火星就会燃烧，但它跟其他碳氢化合物相似，也是一种可燃的半流体物质。拜占庭人利

拉布雷亚沥青坑

    除了罗迪欧大道、好莱坞标志牌以及环球影城之外，洛杉矶的著名景点还包括坐落在市区奇迹大道汉考克公园的拉布雷亚沥青坑。这本是一个由沿岩石断层渗透到地表的沥青形成的天然沥青坑。人们现在所看到的是一个发掘出来的沥青矿。史前时期，动物常常陷入沥青坑而死亡，因此这里有很多早已灭绝的动物的骨骸，其中包括猛犸象、巨型树懒以及美洲马和骆驼等。

用的正是它的这种特性，创造了火药被引进西方之前最可怕而有效的一种武器——希腊火。许多希腊哲学家和科学家同时也是实用发明家。他们论述道德、古代戏剧艺术或天文学的同时，脑中也会想出巨型吊臂，抓起敌人的战船砸向礁石，杀死船员；或是巨型放大镜，聚焦阳光，点燃敌人的战舰。

根据当时的历史记录者（见左侧配文），7世纪的最后25年，随着阿拉伯人的军队在罗马帝国的版图上横冲直撞，一名来自赫里奥波里斯（现黎巴嫩的巴勒贝克）的名叫科里尼克斯的科学家逃到了君士坦丁堡，他身上带着一种新武器的配方。

当时，来自赫里奥波里斯的一名匠人科里尼克斯逃到了罗马。他发明了一种大海之火，点燃了阿拉伯人的战船，烧死了所有的船员。因此，罗马人凯旋而归，并发现了大海之火。

——狄奥法内斯（约760—818）《编年史》

后世的史学家曾质疑科里尼科斯是否真有其人，以及他是否真的发明了希腊火。鉴于古希腊和古罗马人在战争中一直有使用燃烧弹的传统，科里尼克斯很有可能只是改进了已有配方，或者是发明了战斗中发射希腊火所使用的虹吸系统（一直压泵喷射机制）。虽然希腊火在陆战中也有应用，但它主要是一种海军武器，在海战中尤为有效。这是因为战船都是木制的，而希腊火是无法扑灭的，能够吞没敌军的战船和水手。

君士坦丁堡建于半岛之上，两面环海。雄伟坚固的双层城墙和护城河保卫着城市近陆一侧。直到15世纪被炮火摧毁之前，整个城市在它们的保护下从未被攻陷过。七八世纪时，阿拉伯人认识到自己要想攻下君士坦丁堡就必须控制大海，进而断绝城中粮草，或者突袭较为薄弱的靠海城墙。674年，阿拉伯人包围了整座城市，从陆地上封锁了进城通道，并在海上集结了大规模舰队，封锁其海上通道，进行攻击。迎战的拜占庭海军给战舰上特别装备了希腊火发射器，并于677年击溃了集结在马尔马

失传的秘密

1204年，十字军攻陷君士坦丁堡，希腊火的配方从此失传。

拉海意图进犯的阿拉伯舰队。结果，阿拉伯人既无法切断城市已恢复的供给，也没能攻破城墙，不得不铩羽而归。717 年到 718 年的围攻中，同样的历史再次上演。拜占庭人借助希腊火再次击退了阿拉伯人的登陆行动和对临海城墙的攻击。

希腊火犹如那个时代的原子弹，其制做工艺被当作机密严加保守。而且时至今日，它的配方仍然是个谜。1204 年，十字军第四次东征，意图从穆斯林手中重新夺回圣城耶路撒冷。最终，他们以欺骗手段攻陷了君士坦丁堡，建立了属于十字军的君士坦丁堡拉丁帝国。在紧跟政权交替而来的混乱中，希腊火的秘密也永远被埋葬在了历史的长河之中。史学家根据对这种武器杀伤效果的描述以及当时的物质水平推测重建了一个最有可能的配方。配方描述说希腊火借助虹吸装置喷射而出，因此肯定是液态的。它易燃，而且能漂浮在水面上燃烧，只能使用醋、沙子或人类的尿液将其熄灭。考虑到上述特点，希腊火极有可能是一种生石灰、硫磺、挥发油以及沥青的混合物。尽管沥青外观毫不起眼，只是今天道路铺设的一种普通材料，但在长达 5 个世纪的时间里，它维系了拜占庭帝国的生存，挽救了基督教国家差点被毁灭的命运。

火焰喷射器
古人借助一种类似今天的火焰喷射器的装置将希腊火喷射到敌人的战船上。

平坦路面的造就者
今天，沥青造就了平坦而防水的高速公路和人行道路面。

黄金

Aurum

类型: 黄金属(过渡金属)
来源: 天然黄金、金矿、海水
化学式: Au

◎工业
◎文化
◎商业
◎科研

黄金是地球上的一种重要矿物,象征着财富,同时也以金锭、金币和珠宝的面目代表着具象的财富。因为贪恋黄金,人们穿越海洋,探索新大陆,屠戮数不清的同类。然而跟铁、铜、煤或是黏土比较起来,黄金却并没有太大的实用价值。人类给黄金所赋予的价值是一种共同的梦想,希冀它那永不褪色的光泽也能够从一定程度上改变我们肮脏的灵魂。

西去吧,年轻人!

"1492 年,哥伦布扬帆过蓝海"是一句人人都知晓的诗歌。但是又有多少人知道接下来这两句呢? "哥伦布航行不停寻黄金,听命寻得归家去。"意大利航海家克里斯多弗·哥伦布(1451–1506)本人和这诗歌一样为人们所熟知。他从西班牙起航,一路向西航行,跨越大西洋,希望能抵达东亚,从而为自己的西班牙君主开辟一条新的贸易路线,获得来自东方的香料、财富和产品。1492 年到 1503 年期间,他曾四次出海航行,发现了西印度群岛、中美洲和南美洲。只不过他一直误认为自己登上的是东印度群岛、日本和中国。航行途中,哥伦布遭到了侮辱和监禁,因而并未能受益于自己的大发现。然而,他的这一壮举改变了世界,世界的轴心从此转向了西方。

在 15 世纪晚期的西欧人眼中,东方起始于传说中的城市君士坦丁堡(今伊斯坦堡),并一直扩展到神秘的华夏王朝和日本。据说,黄金在那里犹如贱金属一般常见。拜占庭帝国(395—1453)铸造了苏勒德斯金币,并把它作为自己的主要货币单位。然而,当时的西方国家却仍采用银本位制。黄金十分稀有,其价值也因此高涨。同时,它还是少数几种不会褪色或氧化生锈的金属之一,是除了铜之外,唯一一种色泽明亮,

为金而狂
黄金对人们的吸引力大大超过了它的实用价值。

不讲究实用功能的金属。不过，说到它的实用性，在现代被应用于电子和齿科领域之前，黄金基本上跟玻璃锤一样，没什么实用价值。它质地过于柔软，做不成工具、武器或是机器。什么人要是想拿黄金盔甲保住性命，很快就会付出惨痛的代价。黄金盔甲不仅过于沉重，使人行动困难，而且挡不住什么刀剑或是弓箭的攻击。人们拿黄金铸造钱币或者珠宝时，通常在其中混入白银或者其他金属以提高其强度。

早在哥伦布时代以前，西方就流传着有关东方十分富庶的传说。在古希腊的金羊毛神话中，伊阿宋跟他的"英雄"伙伴们驾船去了黑海东岸的科尔基斯王国寻找宝物金羊毛。一路上，伊阿宋屠戮诱惑他人，最终偷到了金羊毛，得到了女孩的芳心，胜利返回了希腊。在当代，人们解读这个故事时认为当时的当地人使用羊毛过滤河水中的砾金，因此这个神话实际上讲的是海盗劫掠他人的财宝的故事。所以说，用海盗一词形容伊阿宋跟他的"英雄"伙伴们或许更恰当。之后的1000多年里，探险寻找真实以及想象中的

黄金——通常是属于别人的黄金——成了一个常见的故事主题。

心系黄金

大平原印第安人等过着狩猎采集食物的生活。在他们的社会组织当中，黄金毫不实用，因而没有任何价值。但除了他们之外，热爱黄金似乎是众多人类文化的一个共同点。在所谓文明的定居者之间，黄金一直都有着一种超乎寻常的吸引力，有的人甚至会称其为一种神秘的吸引力。20 世纪之前，黄金一直是世界经济系统的基础。在多数政府放弃实物货币，推行纸币之后，黄金也扮演着货币担保的角色。然而人们很早就意识到，全世界黄金供应的增长非常缓慢，但经济的增长速度却是指数级的。换句话说，黄金供应永远无法跟上货币供应的增长。二战结束后，为了重建已经崩溃的经济，各国政府印刷的纸币远远超出了自己的黄金储备量，整个经济体系因此轰然倒塌。一张纸币曾经表示其所有者可以获取与其面值等量的黄金，但自那之后，这就变成了幻想。要是有人拿着美元的钞票和英镑的硬币去美国联邦储备银行和英格兰银行要求换黄金，一定会被断然拒绝。

可是在 15 世纪时，个人或国家的财富都是根据他们所拥有的黄金来衡量的。由于西班牙人还要好几个世纪之后才会遭受严重的挫折，这种财富衡量标准使人们严重混淆了经济活动

金本位

20 世纪以前，世界各地的货币都采用金本位。

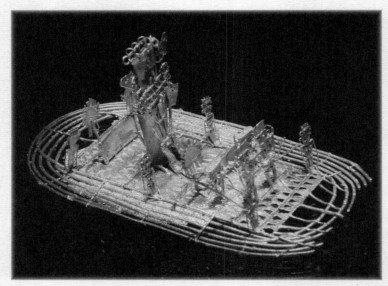

傻瓜的黄金

黄金国的传说引得无数人在南美的热带雨林里送了性命。

的产物——经贸易和工业活动赚取的黄金，以及黄金本身与这二者之间的区别。当时，由于偶然的历史事件，信奉天主教的西班牙人发现自己已经占据了新大陆上除巴西、加拿大以及美国东部沿海地区之外的大部分区域。剩下的巴西被葡萄牙人所控制，加拿大和美国东部沿海地区则是英国、荷兰以及法国的殖民地。不过这对西班牙并无影响，因为那些地方都没有黄金。哥伦布从西印度群岛和新大陆归国的时候确实带回了黄金，但数量并不能让资助他航行的西班牙皇室满意，这也给哥伦布引来了麻烦。不过很快西班牙人就听到了当时中南美洲内陆国度阿兹特克和印加帝国的传说。那里遍地黄金，即便是最疯狂贪婪的人也会满足。

战利品

　　西班牙征服者掠夺而来的阿兹特克耳饰。

十字架与利剑

　　当时的西班牙刚刚摆脱穆斯林的统治，是一个虔诚而容不得异端的天主教国家。其宗教裁判所怀着狂热的原教旨主义精神残酷迫害宗教异端分子、穆斯林以及犹太人。虽然他们实际上不一定如好莱坞影片描述的那样嗜血成性，但确实是一种像纳粹盖世太保一样残忍而有效的国家压迫工具。最早接触到美洲大陆上最先进文化的既不是英国新教徒，也不是荷兰人，而是西班牙人。清教徒前辈移民们当年的登陆地点若不是马萨诸塞，而是墨西哥，历史想必是另一番迷人的面目。不过最后的结果有可能都是一样的，因为他们可能和西班牙天主教徒一样，无法容忍异端的存在。

　　阿兹特克帝国是个相当年轻的帝国，因为阿兹特克人直到15世纪才在墨西哥谷取得了优势地位。其疆域覆盖今墨西哥的大部分地区，首都则位于特诺奇提特兰（今墨西哥城）。与近东地区许多帝国一样，阿兹特克人的统治是间接式的。他们从被统治民族那里榨取贡品，但保留着这些民族的统治阶层和社会精英。阿兹特克人统治期间，时常会发生叛乱，而且其帝国内部还存在着重要的独立之地，因此称阿兹特克帝国为联邦也许更为恰当。西班牙殖民者埃尔南·科尔蒂斯（1485—1587）

黄金梦

　　西班牙征服者把印加帝国和阿兹特克帝国的黄金掠夺殆尽后，仍不知满足。他们听到了黄金国的传说（有人希望这个传说被美洲土著故意夸大，好引诱西班牙人去送死）。传说里提到了一个金人，他统治着一座黄金之城。据说这座黄金之城就隐藏在中美洲茂密的雨林深处。传说起源于哥伦比亚穆伊斯卡人的宗教仪式。他们划船将全身涂满金粉的新头领送入一座圣湖的中心。在那里，新头领会祭祀众神，把这作为自己登基仪式的一部分。这个传说引得多支探险队纷纷动身深入到美洲大陆内部，其中第一支队伍出发于1541年。虽然人们借此了解了亚马孙河的全貌，但大部分贪婪于黄金的探险者也因此丢了性命。

狡诈精明，善于谋略。他将整个阿兹特克帝国变成了西班牙的殖民地。表面上，他是在向当地美洲土著传播基督教，但实际上，他的目的是寻找黄金，而且还真的找到了大量黄金。

哥伦布时代之前的中美洲民族为我们展现了一系列有趣的矛盾对比。阿兹特克人和玛雅人将造型艺术、数学和天文学发展到了令人惊讶的水平，然而他们却以石器时代的技术维持生活。尽管阿兹特克人能够制造出极为精美的黄金饰品和物品，但他们的战士使用的却仍然是早在石器时代末期就被世界其他地区逐渐淘汰了的黑曜岩武器。印加人的冶金水平已经超越了对黄金的加工，但仍然大大落后于中世纪晚期的欧洲。阿兹特克和玛雅人的社会精英采用一种复杂的象形文字书写系统进行文字记录，而印加人在记录贸易、生产和税收情况时，用的则是一种简单的名为奇普的绳结记事方法。他们还使用美洲驼为自己驮运物品，而中美洲由于没有大型哺乳动物可以驯化，只能借助人力来进行运输。

黑色传说

美洲原住民在西班牙征服者手中经历了悲惨的命运，这一点人们在历史上有很多描述。但由于角度极为消极，而被人们称为"黑色传说"。根据传说，西班牙殖民者进入美洲中部和南部后不仅摧毁了当地的文化，而且还带来了欧洲的疾病，导致高达 95% 的当地人口丧生。不管传说如何，阿兹特克和印加帝国惨遭毁灭，其文化和宗教信仰遭到残酷压迫，数百万人因天花、伤寒和霍乱而丧生这些历史都是毋庸置疑的。然而西班牙人真的比当时其他欧洲国家更为残暴吗？英国殖民印度时所造成的破坏要弱于前者，因此有人以此来证明西班牙人更残暴。然而英国征服印度发生在 18 世纪，当时基督教的原教旨主义力量已被大大削弱，而且更重要的是，当时印度和英国的技术水平差距并不是如此悬殊。

西班牙人 1519 年踏足墨西哥，十年之后，又进入了秘鲁。在那里，他们发现的并不是黄金之城，而是当地统治者几百年

金粉
黄金的存在形式多种多样，比如这种纯金沉积物。

大屠杀
　　人们把西班牙人征服美洲的过程比作种族灭绝。

积累下来的黄金珠宝和器物，他们用这些东西来装饰自己的庙宇、宫殿、坟墓和自身。在这里，黄金从来都不像在旧大陆那样扮演着货币或交易媒介的角色。从经济角度来说，哥伦布时代之前的美洲社会跟 15 世纪的欧洲大相径庭。阿兹特克人采用朝贡体制，保证了食物、原材料和奢侈品能够源源不断地进入自己的首府，其日常经济活动以物物交换为基础。

虽然印加一直被描述为原始共产主义国家，但其实称它为社群主义社会也许更为恰当。在社群主义社会，社区在中央集权政府的保护下拥有财产权。印加人把黄金跟自己的主神太阳神（因蒂）联系在一起。太阳神的主庙太阳神殿位于印加帝国首都库斯科，神殿内外表面都覆以金箔。在美洲土著眼中，黄金具有象征意义，因而西班牙人对黄金的所作所为也令他们十分困惑。后者对黄金有着走火入魔一般的欲望，西班牙人对所有掠夺来的黄金宝物只做一件事，那就是把它们熔铸成大金锭，运回西班牙。

帝国的代价

西班牙人将墨西哥和秘鲁的黄金掠夺殆尽，到头来却发现新大陆的黄金跟旧世界一样产量有限。他们带着这些宝藏回到西班牙，使得 16 世纪的西班牙成了当时地球上最富有的国家。但到了 18 世纪，西班牙才发现自己为了得到阿兹特克和印加的黄金所真正付出的代价。英国、法国跟荷兰一开始没能得偿所愿占领中南美洲的土地，只得退而求其次去了北美地区。在那里，他们经济发展的基础并不是对有限资源的开发，而是开发自然资源，发展贸易和生产。

西班牙曾一度是欧洲最发达的国家之一，然而此时却变成了经济上的一汪死水，并且演变为一个日益乖张、挥霍无度的帝国。它曾凭借强大的无敌舰队（1588）震慑英国，但却不断地在与英荷两国的战争中失利，并且在与北欧冲突当中，过分依赖其盟友法国。而最终，终结西班牙美洲帝国的正是法国。法国人通过大革命推翻了自己的君主，却给自己换来了一个皇帝——拿破仑一世（1769—1821）。拿破仑征服西班牙后，西班牙帝国

皇家之金

黄金是制造皇冠的首选金属。

> 在荒岛上，黄金是毫无价值的。有吃食没金子的日子要比有金子没吃食的日子好过得多。如果事情到了那个地步，金子在金矿里也是毫无价值的。金矿里的交易媒介是鹤嘴锄。
> 特里·普拉切特的小说《赚大钱》（2007）中，主人公莫斯特·冯·列普威格对黄金的感想

分崩离析，拉美国家相继宣告独立。

西班牙人把殖民帝国当做宗教的存钱罐，劫掠那里的贵金属——先是黄金，没有黄金就掠夺白银。而同时，英国人、法国人和荷兰人却在发展商业网络。他们把原材料运回国内制成商品，销往世界各地。西班牙直到丧失所有海外殖民地才走出经济的泥沼。即便如此，直到1975年弗朗哥独裁统治结束，西班牙的社会、政治和经济层面一直都十分落后。20世纪的英国和21世纪的美国都深受后帝国时代遗留问题的困扰，然而，相比于西班牙帝国的沉重教训，英美两国的困难还不算严重。

尽管黄金已经不再是现代经济系统的基础，但在经济危机时仍然是人们的投资首选。每当土地和房产价格崩溃，股票价格一泻而下，黄金就成了投资者的避风港。2011年，本书写作的同时，黄金价格达到历史新高，高达1800美元/盎司（而白银只有40美元/盎司，约1.4美元/克）。鉴于新开采黄金的供应量是不断下降的，金价必然会上升。在我们找到方法把地心中的亿万吨黄金开采出来之前，黄金价值的梦想将永续。

纯金的投资

2011年，黄金价格达到历史最高点，高达1800美元/盎司（约63.5美元/克）。

神圣的财富

尽管总是就贫穷传道，但教堂其实是黄金消费的大户。

白垩
Calx

类型：沉积岩
来源：微生物、海洋动物及海藻的残留物
化学式：CaCO₃

◎工业
◎文化
◎商业
◎科研

自史前时代开始，被称为白垩的软质沉积岩在英格兰南部文化当中就是一种重要的象征。同时，白垩也是制造石灰砂浆的原料。从罗马时代到 19 世纪，石灰砂浆一直都是一种建筑材料。

英格兰白崖

对某些英国人来说，提到白垩的英语 chalk，他们会想起两幅图景：一是学生时代的粉笔和黑板。另一幅就是多佛尔白崖的白垩。英国人虽然称粉笔为 chalk，但粉笔的成分实际上是石膏（硫酸钙）。而白崖则是由真正的白垩——碳酸钙构成的。多佛尔白崖隔着狭长的多佛尔海峡与法国隔海相望，高高耸立着，好似守卫英国海岸线的城墙。

二战时，这悬崖被广为传唱，象征着英国顽强抵抗纳粹侵略的精神，还有对即将到来的胜利与和平的期望。

白崖不是连续的，不能沿海岸形成连续的屏障，因而只是一种象征意义上的防线。成功的入侵者，如 1 世纪的罗马人和 11 世纪的诺曼人，就成功找到了安全的停泊海域和平坦的沙滩

化石
白垩由微生物残骸化石构成。

白色城墙
位于英格兰南部的白色悬崖是一道防线的象征。

登陆。在使用帆船和蒸汽船的时代，多佛尔的白崖就像是乘船抵达纽约的人眼中的自由女神像一样，是映入归来者眼中的那第一瞥祖国的身影。白崖是一种名为唐斯（白垩丘陵，或有草开阔高地）的地质构造的一部分。在英格兰东南部共有两处，分别是北唐斯和南唐斯。在距今六千万年前白垩纪，海洋微生物的骨骼化石形成了这大片的白垩沉积物。

巨人像与白马像

遍布不列颠群岛的白垩山坡上雕刻着巨型人物和动物形象，这大概是这世界上最神秘也最引人入胜的白垩作品了。这其中最有名的都位于英格兰南部，包括东萨塞克斯郡身高227 英尺（约 69 米）的威尔明顿巨人像，多塞特郡 180 英尺（约 55 米）高的塞那阿巴斯巨人像，还有牛津郡 374 英尺（约 114 米）高的乌飞顿白马像。这些雕刻的目的和功能是什么到现在仍然是个未解之谜。甚至有解释说，这些雕刻跟南美洲秘鲁纳斯卡沙漠里的纳斯卡线一样，是为了给路过的 UFO 上的船员看的。

在这三座巨型雕像中，乌飞顿白马像的风格高度突出。它附近还有一座源于青铜铁器时代的丘陵堡垒，名为乌飞顿城堡。人们把白马像跟城堡联系在了一起，认为它是三座雕像中最古老的一座，可以追溯到青铜时代。白马也许是堡垒建造者的象征，也有可能代表着凯尔特掌管马的女神艾波娜。威明顿跟那阿巴斯巨人像的建成年代则争议颇多。那阿巴斯巨人像因其显著的男子气概和裸身形象而广为人知，它有可能代表着希腊罗马英雄海格力斯。然而，由于这座巨人像最早的记载出现于 18 世纪，历史学家认为它只有 200 年的历史。这座巨人像有很多传说，其中之一说的是在巨人那硕大无比的生殖器上过夜可以治愈不孕之症。所以每到温暖的夏夜，那里总是人满为患。

巨人像

英格兰的白垩雕像中有一处巨人像有着鲜明的生殖器。

亨利·福尔兹

现在，刑侦人员仍然在使用白垩粉末采集犯罪现场的指纹。19 世纪末期，苏格兰医生亨利·福尔兹（1843—1930）在日本东京的一家医院工作时发现可以用人的指纹来进行身份识别。当时，一个人被冤枉偷了医院的东西，亨利·福尔兹向人们证明此人的指纹与被窃现场的不一致，帮他洗脱了嫌疑。

煤

Carbo carbonis

类型：沉积岩
来源：保存于水下免于氧化的植物物质
化学式：含其他元素的 C

◎工业
◎文化
◎商业
◎科研

煤炭是过去两个世纪以来最重要的矿物。作为第一次工业革命时期工厂和铁路的燃料，煤炭使得 19 世纪发端于英国的发达国家城市化和工业化成为可能。然而煤炭在过去两个世纪以来的广泛使用有可能会给人类文明的未来带来灾难性的后果。人为导致的极端气候变化预言若是成为现实，煤炭也许会把它所推动创造的工业文明，甚至是人类自己毁灭殆尽。

撒旦磨坊

想象一幅画面，其中除了水车的转动声和风车的吱呀声，没有任何工业社会的噪音、景象和味道。走出有市场的大城镇，空气是清新的，河流没有污染，放眼望去，没有任何电线、公路和铁路破坏眼中的景致。一切节奏都跟牛车缓慢而沉重的步调相近，不会快过马儿的奔跑。"这不是一首从未成真的田园诗吗？"你也许会感叹。然而 1700 年以前，迎接来到不列颠群岛的旅人的也许正是这样一幅景象。当时，社会经济仍然是以农耕为主，商品生产规模也处在前工业社会。可是虽然当时的自然环境要远胜于现在，人们的生活却远远谈不上完美。战争、疾病和饥荒使得人类的平均寿命大大低于接下来的几个世纪。

19 世纪中叶，来到不列颠的旅人看到的又是另一番图景。在一个半世纪的时间里，英国工业革命在很多方面改变了这个国家。森林、田野和牧场让位于矿场、纺织厂、铸铁厂以及陶器厂。小镇和乡村成长为新的工业城市群，公路网连接起各个城市。诗人威廉·布莱克（1757—1827）笔下的英格兰那"宜人的绿原"被"黑暗的撒旦磨坊"所取代。布莱克等人唾弃英格兰这全新的工业风光，不仅因为它污染了自然环境，还因为

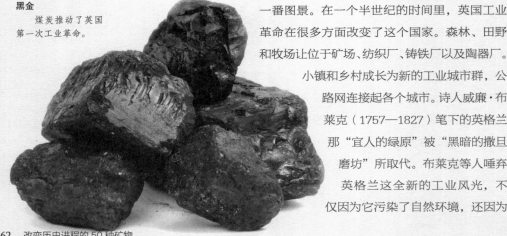

黑金
煤炭推动了英国第一次工业革命。

失落的童年

儿童的个子娇小，能够深入到狭窄的空间里，因此多被矿场雇用。

它给新出现的工业工人阶级带来了恶劣的社会环境。

在危机时期，农耕社会能为人们提供基本的社会经济支持，并通过风俗和法律规范其就业条件。然而脱离了农耕社会的矿工、工厂和磨坊工人面对早期资本主义的残酷剥削不受任何法律保护，而且也享受不到任何社会援助和医疗服务等安全保障。孩子才4岁大就被送到矿场和磨坊去当学徒，其中许多小孩都会死于意外事故或在10—20岁的时候死于职业病。矿工和磨坊工人的工作环境恶劣，劳动强度大，工作时间长，工资也很低，却只能任由雇主摆布。而且在经济危机来临时，还会遭到雇主无情地解雇。在发达国家，人们经过几十年的改革和社会抗争才慢慢改善了工人阶级的生活、工作条件。

是什么引发了这场剧烈的物质和社会变革呢？第一次工业革命又是为什么发生在英国呢？历史学家提出了很多政治、社会、经济甚至是宗教理论来解释这些问题。尽管很多社会经济因素

我名叫波莉·帕克，来自那沃斯利小镇；
爹娘工作在那深深的煤矿井下。
姊妹七人家庭大；
我也不得不来到这矿井下。
知道你可怜我命儿苦；
今后日子都得这么过。
我还是要开心地唱着歌儿，露笑脸；
尽管我不过是矿上的穷姑娘。
　　　　——传统矿工歌谣《矿上姑娘》

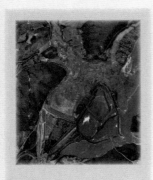

黑潮

煤炭对环境的损害并不仅仅限于环境污染和气候变化。2008年，美国田纳西州一片面积300英亩的安静区域被有毒的黑色煤灰所覆盖。这些残渣名为粉煤灰料浆，来自美国田纳西流域管理局辖下金斯顿火力发电厂的一片隔离区，是火力发电的副产品。当时，这些东西从发电厂如洪水一般涌出，将沿途建筑纷纷冲倒，也给农田覆上了一层厚厚的煤灰，而且还进入了当地的水利系统，造成了几百万美元的损失。

对此大有促进，然而缺了不列颠群岛上随处可见的一种矿物——煤炭，第一次工业革命是不可能发端于此的。煤炭或开采于深坑之下，或开采于露天矿场，是驱动英国磨坊、铸铁厂、火车以及轮船的蒸汽机的燃料。没有煤炭，英国也许会像不能自产煤炭的荷兰一样，成为一个重商主义国家，而不是那个在19世纪主宰了世界的超级帝国主义工业国家。

意外的地质活动

在近东地区国家，人们偶然而又意外地发现了世界上最丰富的石油资源。与之相似，意外的地质活动使得不列颠群岛，尤其是威尔士、英格兰北部以及苏格兰，形成了大型的煤炭矿藏。煤炭跟其他碳氢化合物一样，都来源于有机物质。在3.05亿年前的石炭纪，广袤的森林覆盖着地球表面，这些树木的残留形成了今天的煤炭。在正常情况下，死亡的植被会腐烂，其体内的碳也随之回到环境当中。然而当植被被含氧量极小的酸性水淹没时，它们会停止腐败，形成泥炭，成为天然的碳储存器。几百万年过去，泥炭沼泽被沉积物所覆盖，在压力作用下变成了煤炭。

当然，英国并不是世界上唯一拥有大量煤炭矿藏的国家。地球的各个大陆上都有煤炭，目前世界上最大的产煤国是中国。然而历史学家也指出，尽管在英国工业化过程中，大量的煤炭以及铜铁等其他原料的供应扮演了重要的角色，这些矿物本身却不足以解答为何英国首先实现了工业化。第一批商用蒸汽机出现在18世纪早期。到19世纪早期，低压瓦特发动机（1774）这样笨重的固定式蒸汽机则被改进成了体积更小的高压蒸汽机，用来驱动第一代火车和汽船。许多历史学家指出，技术，尤其是前面提到的这些技术，才是工业革命的首要驱动力。

其他历史学家关注的则是剩余劳动力的损失。土地不再需要这些多余的劳动人口，使得人们可以自由迁徙到新兴工业城市，或者接受新教所滋养的重商资本主义文化。但是如果没有煤炭来把坚硬的铁熔化制成高压锅炉，来加热熔炉将水变成蒸汽，就不会有蒸汽机、深深的矿井、磨坊或铁路，也不会有工人阶级、工业城市，更不会有重商主义的资本主义。

喷气恶魔

最早的蒸汽机车是用来运输煤炭的。

炙热的煤炭

英国开辟了工业革命的道路，世界各国也紧随其后。首先是 19 世纪的比利时、德国、法国、日本以及美国东海岸地区。俄国在 20 世纪早期也开始了工业革命。20 世纪中晚期，东南亚各国、韩国、中国、印度以及巴西等发展中国家的主要经济体纷纷投入巨资发展其工业基础设施。在大多数情况下，这意味着使用煤炭进行发电。当今世界，尽管煤炭发电的碳排放量对全球环境来说是最具破坏力的手段之一，但煤炭发电仍然是

全速前进

以煤炭为动力的汽轮迅速取代了依赖风力的帆船。

是否这神圣的面容，
曾照耀我们阴霾笼罩的峰峦？
是否耶路撒冷曾建于此，
比邻黑暗的撒旦磨坊？
——威廉·布莱克诗 / 黎历译

煤炭与全球变暖

人们认为煤炭燃烧加速了全球变暖。

最经济的发电技术。

过去 200 多年以来，燃烧化石燃料向地球大气释放了几十亿吨的温室气体——二氧化碳，在一定程度上导致了气候变化和全球变暖。有的读者可能并不认同这一观点，认为气候变化仍然是一个未经证实的说法，或者完全是自然的循环现象。然而，二氧化碳排放量正在稳步增加，而且随着发展中国家不断开建新的火电厂、深化工业化进程，这一趋势丝毫不见放缓的迹象。随着二氧化碳排放量的不断增加，我们很多人将有机会验证——最迟到 2050 年——气象科学家"狼来了"的观点能否一语成谶。

本书并不打算重述有关气候变化辩论双方的各种观点、事实以及数据。不过，我们将带领大家回到本文开始的地方——英国的风光。尽管已经经过 250 多年的工业化改造，英国的田野仍然一派绿意盎然，山峦依然起伏，村庄篱笆仍旧风景如画，小镇市场也还是熙熙攘攘。然而，英国是一个低洼的岛国，

撒旦的风景
　　工业化深刻地改变了英国乡村。

首都伦敦坐落在岛的东南端，其人口、商业、贸易中心以及大部分高新科技行业多集中于此。这一地区正慢慢沉入北海，再加上到本世纪末，海平面可能会因气候变暖升高两米，到时候，英格兰的著名地区都将沉入海底。剩下的高地将形成一片群岛，拥有温润的地中海气候，甚至是亚热带气候。对于到时候能看到这一幕的英国人和海外游客来说，这也算是意外的收获。

　　煤炭这种矿物自从从地下开采出来，就彻底改变了我们200多年以来的社会、政治、经济以及技术的发展趋势。没有煤炭，我们就不会有第一次工业革命（或曰蒸汽时代）。进而，我们也不太可能进行第二次工业革命，步入电力和内燃机的时代。如不幸重走老路，将出现因煤炭而成为可能的社会变革——工人阶级及其政治力量、大型城市的发展以及人们用一个世纪的苦难、混乱和社会动荡所换来的生活水平、教育水平以及平均寿命的大幅提升。

集中供暖

　　早在古代，人们就认识到了煤炭的用处。在前1世纪到5世纪的不列颠，罗马人利用岛上丰富的煤炭资源为公共建筑和私人房屋进行供暖。他们发明了世界上第一个集中供暖系统，一种名为热坑的火坑式供暖系统。在这个系统中，人们把房屋地板升高，燃煤锅炉对空气进行加热，热空气在地板下循环，实现对整个房屋的供暖。罗马帝国在5世纪崩溃后，这种用煤的技术也失落了。直到12世纪，英国才再次出现有关煤炭使用的记载。尽管气候寒冷潮湿，英国直到19世纪才重新开始使用集中供暖系统。

珊瑚石
Corallium

类型： 有机矿物
来源： 多种珊瑚虫的骨骼化石
化学式： CaCO₃

◎工业
◎文化
◎商业
◎科研

有生命的宝石
珊瑚石来源于海洋生物坚硬的外壳。

治愈之力
在印度，人们仍然相信红珊瑚石具有治疗疾病的力量。

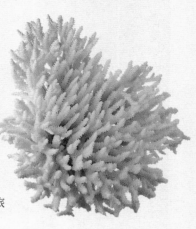

珊瑚石来源于多种珊瑚虫的外壳骨骼，人们曾相信它具有魔力，能够抵挡疾病和厄运。现在，人们重视珊瑚礁，不仅仅因为它所带来的生物多样性和独特的魅力，还因为它是一种重要的旅游资源。

来自西方神秘世界

珊瑚石跟其他许多宝石和亚宝石一样，自远古时期开始就被人们拿来买卖。和琥珀及珍珠贸易相似，珊瑚贸易通过最早的国际贸易网络将世界上远隔千里的不同地区联系到了一起。珊瑚出产自温暖海域的浅海区，而最好的宝石级珊瑚——树形的红珊瑚，则产自地中海沿岸的海水中。不过在历史上，珊瑚石的主要贸易市场是在印度，而非欧洲。虽然中世纪以前，许多奇珍异品都是从东方进口到西方，珊瑚贸易却是反其道而行之。

珊瑚石在印度之所以深受人们喜爱是因为民间传说它不仅具有魔力，还能治疗疾病。在古印度吠陀占星学中有九大行星，而珊瑚石与其中的红色星球——火星相关。火星的属性包括勇气、力量、进取心以及生命力。红珊瑚的色彩也被与鲜血联系到一起，被认为能治疗与血液和循环系统相关的疾病。很多文化当中，人们将珊瑚做成的珠宝当作护身符佩戴在身上，以驱害辟邪。在印度南部，已婚女性仍

亚兰人因你的工作很多，就做你的客商。他们用绿宝石、紫色布绣货、细麻布、珊瑚、红宝石兑换你的货物。
——《圣经·以西结书 27:16》（钦定本）

然有佩戴珊瑚首饰风俗，以求家庭美满。

角力珊瑚

在古代，（希拉）殖民地马萨力阿（今法国南部城市马赛）将地中海的珊瑚石出口给高卢（法国）和日耳曼尼亚（德国）的凯尔特人。后者将珊瑚作为装饰镶嵌在青铜饰品和武器上。古罗马人跟印度人一样，相信珊瑚石有抵挡疾病和危险的力量，会向自己的孩子赠送珊瑚项链。后来，地中海地区珊瑚贸易控制权的变换也反映出同时期该地区政治力量的此消彼长。中世纪时，意大利北部的共和国，如威尼斯和佛罗伦萨控制着北非地区沿岸丰富的珊瑚礁。

16 世纪时，西班牙人控制了这片地区，但到了 17 世纪，又被法国所取代。之后，除了拿破仑战争（1803—1815）期间被英国短暂掌控，这里的控制权一直掌握在法国人手中。进入现代，地中海地区珊瑚加工又被意大利人所垄断，集中在那不勒斯、罗马和热那亚等城市。不过由于珊瑚石跟其他有机宝石相似，现在极易被人们用塑料等材料仿冒，它的魅力已经大大削弱了。

人工暗礁

退役航空母舰奥里斯卡尼号被潜水员仿照澳大利亚大堡礁昵称为"大航礁"，是世界上最大的人工暗礁。奥里斯卡尼号重 30800 吨，长 904 英尺（约 276 米），2006 年 5 月被沉没于美国佛罗里达海湾，为新珊瑚的生长提供了坚固的基石，也为许多海洋生物提供了栖息地，并且还为潜水爱好者创造了一片新的潜水胜地，此举意在减轻因过度使用而退化的天然暗礁的压力。奥里斯卡尼号是近年来人们创造的人工暗礁之一，其他人工暗礁还有人类骨灰加水泥制造的立柱和雕像，纽约的地铁车辆等。

受到威胁

由于过度开发和环境恶化，珊瑚的生长受到了威胁。

象牙

Eburneus

类型: 有机矿物

来源: 大象的獠牙(牙本质)

化学式: 含有机物质和水分的 $Ca_5(PO_4)_3(OH)$

○工业
○**文化**
○商业
○科研

巨型象牙生产者

自古以来,对象牙的需求导致大象的数量不断下降。

许多动物獠牙都跟象牙相似,但取自非洲象和亚洲象身上的象牙最为有名。在古代,大象的种类远比今天要多,其活动范围覆盖北非到近东地区。然而由于人类为了获取象牙而对其不断猎杀,几千年以来,大象的种群一直在缩小。现在,野生大象甚至已经到了灭绝的边缘。

象牙和琴键

非洲象和亚洲象的命运如此悲惨,我们应该责怪谁呢?也许我们可以从莫扎特(1756—1791)等许多欧洲 18—19 世纪的作曲家和演奏家开始。正是因为他们,钢琴变成了世界上最受欢迎,应用最广泛的乐器之一。世界上最早的钢琴出现在 16 世纪末期的意大利,其琴键数量比现在要少几个。作曲家巴赫第一次听到钢琴演奏是在大约 1730 年。不过他并未被这种乐器的表现所打动,没有改变自己为管风琴和羽管键琴谱曲的习惯。然而,到了莫扎特时代,钢琴已经取代了其他乐器,成为主要的键盘表演乐器。在贝多芬(1770—1827)时期,钢琴进入了黄金时代,音阶由 5 个增加为 7 个,总共有 52 个白键。

在 20 世纪仿象牙塑料琴键出现之前,钢琴上的白键都是由木头和象牙制成的,木头上覆有一层又薄又软的上等非洲象象牙材料,而这些象牙必需取自刚刚杀死的大象身上。一根重 71 磅(约 32 公斤)的象牙切割出来的琴键可以装备 45 架钢琴。尽管加工效率相当高,象牙很少被浪费,然而这对那些丧生的大象来说毫无慰藉意义,因为大部分钢琴最终不过是能让某些小孩子费尽九牛二虎之力弹一曲只有他们父母才能听得下去的《致爱丽丝》。问题的关键也正在于此:假若象牙的需求仅限于作曲家、独奏家和专业音乐家乐器所用,大象的生存状态也许要远胜于今。

在家庭娱乐

的原始时代，我们指的并不仅仅是 Iphone 和 Play Station 游戏机出现之前，而是在电视、广播甚至发条留声机发明以前，钢琴就是当时的平板电视和任天堂 Wii 游戏机。在 19 世纪的中产家庭中，一家人常常聚在家中客厅的立式钢琴旁，一起哼唱曲子，或是即兴弹奏一曲。而且每家酒吧、沙龙、俱乐部和餐馆都设有钢琴供人们娱乐。19 世纪到 20 世纪初，钢琴在发达国家的广泛流行导致撒哈拉沙漠以南地区的非洲象遭到大量猎杀。仅 1905 年到 1912 年之间，就有约 30000 头非洲象为满足制造琴键的需求而惨遭屠杀。

因音乐而亡
19 世纪，钢琴生产威胁到了非洲象的生存。

总统的假牙

在旧大陆，大象的分布一度是非常广泛的，其种群西至近东地区的叙利亚，并远跨北非大陆。迦太基名将汉尼拔（前 247—前 182）翻越阿尔卑斯山脉，攻击罗马人时所率领的大象部队就是小型北非雨林大象亚种的代表。不过，地中海大象早在古代就因人类猎取象牙而灭绝了。从后文的《圣经》节选可以看出，即使在古代，近东地区的象牙也需要从传说中的俄斐古城进口。学者认为这座城市远在非洲撒哈拉沙漠以南地区或者西非地区。时至今日，仍有不法分子为了满足东亚市场对象牙的需求而偷猎大象（见下文），导致大象数量仍然在不断减少。

工业时代之前，象牙为人们提供了一种美丽、用途广泛且质地细软的材料来雕刻精致的小雕件、浅浮雕、珠宝以及盒子、烟斗、印章和坠子等小型装饰物品。在古希腊，有人把象牙和黄金镶嵌到木质框架上，创作出了众神的巨型雕像（见下文），而古罗马人则把

尼尼微五排桨的古船从遥远的俄斐满载货物，
划向家乡的天堂，
划进阳光和煦的巴勒斯坦，
装的是象牙、孔雀、猿、
檀香、杉木和醇香的白酒。
——《货物》，约翰·梅斯菲尔德（1878—1967）作

被迫进化

盗猎行为导致大象向不长象牙的方向进化。

象牙装饰在棺材上。不过由于象牙属于有机物，埋入地下后很快就会降解，所以古代的象牙制品极少能流传到现代。

根据上文，钢琴琴键可以说是一种实用性较高的象牙应用。除此之外，在 19 世纪后期塑料出现前，人们还把象牙做成纽扣、衬衫袜夹、扇骨以及台球。象牙一开始还曾被人们制成假牙，在 18 世纪人们发明陶瓷假牙之前，假牙都是由象牙雕刻而来的，并且配有黄金牙座。乔治·华盛顿就是佩戴假牙的名人之一，他拥有好几副假牙，有的是人牙制成，也有的是动物牙齿制成，其中就包括象牙。

大象并不是唯一一种消费品和奢侈品制造所需的牙类材料来源。其他长有大型牙齿或獠牙的陆地动物以及海洋哺乳动物，包括河马、野猪、抹香鲸、独角鲸和海象等，也是来源之一。然而，考虑到每杀一只动物所获取的牙量以及猎杀的难易程度，比起独角鲸和河马，大象自然就成了最佳选择。在大象家族中，还有一种合法且不受约束的象牙来源，那就是早已灭绝的猛犸象。在俄罗斯，人们发掘出了大量猛犸象化石。

拯救大象的赛璐珞塑料

非洲象的悲惨命运早在19世纪中叶就已引起了人们的关注。其中一家名为费兰柯兰德的美国台球生产公司因为象牙供应的不断下降而感到担忧，于是出资10000美元，奖励能找到合成的象牙替代品的人。19世纪60年代末，美国的约翰·海特跟艾塞亚·海特两兄弟接受了这项挑战，开始使用帕克赛恩——英国发明家亚历山大·帕克斯1962年发明的一种硝化纤维，也是有史以来第一种人造塑料——进行试验。1870年，兄弟二人发明了新型的帕克赛恩，并将其命名为赛璐珞。这是一种硝化纤维和樟脑的混合物。现在，只有电影工业才使用赛璐珞，但在19世纪，它却是世界上第一种成功实现商用的塑料，被广泛应用于制造业。

海特兄弟没有拿赛璐珞去领取那10000美元的奖金。相反，他们十分明智地决定要自行开发这种新型材料。1872年，他们为自己的"填充机"——现代注塑技术的鼻祖——取得了专利。借助填充机，人们可以生产出赛璐珞块料或板材，并将其进一步加工成成品。海特兄弟首先涉足的是台球生产，进而扩大到其他许多之前以象牙为原料的产品，如纽扣、梳子和镜架。他们的生产成本非常具有竞争力。尽管拯救非洲象也许并不是海特兄弟首要考虑的事情，但他们还是对非洲象的存续作出了巨大的贡献。

非法象牙"漂白"

20世纪末，全世界的大象数量急剧下降，导致联合国在1989年首次开始实施象牙贸易禁令。2002年，禁令有所松动，允许南非一些国家销售他们没收的盗猎象牙。然而，在很多提倡保护自然资

灭绝

北非和近东地区的大象早在古代就已灭绝。

源的人士眼中，这一行为的最终结果将是允许犯罪集团通过合法渠道把自己非法获得的非洲象牙"漂白"，使这一濒危物种陷入更加悲惨的境地。

在所有实用领域，塑料现在已经取代了象牙。20 世纪，日本钢琴制造商雅马哈首先开始使用仿象牙白键取代真象牙。其他主要钢琴厂商也竞相模仿。遗憾的是，对非法盗猎象牙的需求仍然在严重威胁着亚洲象和非洲象的生存。盗猎的象牙主要都被销往东亚市场。在日本和中国（以及其他存在大量亚裔社区的国家），人们有使用私人印章的传统。以前，这些都是用动物的獠牙或者角刻成。盗猎来的象牙还被人们制成珠宝、雕刻艺术品以及旅游纪念品。

人类利用有机矿物的历史不论对带来这些矿物的动物，还是对买卖双方来说，都不是一件皆大欢喜的事情。能出产珍珠、象牙和珊瑚等有机矿物的物种因为被拿来满足人类想要拥有奢侈品的欲望而被猎杀至几近灭绝。而且即便人们发明出人工合成材料来取代并改良那些天然物质，人类依然顽固地追捧所谓

盗猎特许状
象牙贸易禁令的松动被盗猎分子大肆利用。

在古代宗教形象中，象牙曾被用来表现人物的肤色。

象牙巨像

　　古希腊雕刻家菲迪亚斯（约前480—前430）创作了有史以来最大的两尊室内雕像——雅典娜·帕特农神像（前447）以及奥林匹亚宙斯神像（前432）。这两座巨像高40英尺（约12米），以黄金与象牙制作而成。雅典娜·帕特农神像位于雅典帕特农神庙，"身穿"2500磅（约1134公斤）黄金制成的长裙和配饰，代表了雅典大部分的财富。虽然菲迪亚斯的真品早在古代就已遗失，但在美国田纳西州纳什维尔帕特农神庙我们可以看到与实物一样大小的复制品，欣赏到它们完整时的风采。

"真品"。然而在象牙这里，大象或许将是笑到最后的那一方，而人类也将会付出代价。这是因为象牙这种光洁的天然塑料就像是琥珀和珊瑚，极易用现代塑料和合成物质假冒。赝品制造者将象牙粉末跟聚合树脂混合起来做成的产品，即使最谨慎的买家也难以辨别。所以说随着有机矿物变得日益珍稀，造假者也愈加猖狂，尽管自然保护不能改变人类的傲慢与贪婪，欺诈却能实现这一点。

　　他的两手好像金管，镶嵌水苍玉。他的身体如同雕刻的象牙，周围镶嵌蓝宝石。他的腿好像白玉石柱，安在精金座上。他的形状如黎巴嫩，且佳美如香柏树。
　　　　　　　　　　　　　　　　　　　　——《圣经·雅歌 5:14》

板岩

Esclate

类型：变质岩
来源：沉积岩再结晶
化学式：含其他矿物的 SiO_2

◎工业
◎文化
◎商业
◎科研

圣诞节我一定会回家。我们一定都会，或者说都应该回家。我们都会回家，或者说应该回家，度个越长越好的小假。暂时离开那要我们一直在算术题板上做题的寄宿学校，回家休息一下。
——圣诞祝词，查尔斯·狄更斯（1812—1870）

众所周知，板岩是生产屋面瓦的一种主要天然原料。同时，在纸张十分稀少或昂贵的情况下，板岩作为一种可供学生重复使用的资源，在教育领域也扮演了十分重要的角色。

写字板

近来，单词"Tablet"已经被赋予了新的含义，指的是最新的、革命性的、便携式手持触屏平板电脑。这种电脑恰巧跟笔者幼时用的小写字板大小、外形、厚度都差不多。配上外层简单的木框，黑色的板岩看起来充满了无限的可能性——当然还得配上各色粉笔。对生活在那个不同年代的小孩子来说，一块简单打磨过的石片就是一份绝佳的礼物，可以让他玩上好几个小时。可是，今天的小孩子也许会盯着这家伙，几秒钟后，还会询问开关在哪里。还是不要在这里悲伤怀旧了。谢天谢地，笔者创作此书时，用的是笔记本电脑，而不是什么写字板。

纸张并不是一直都像今天这么唾手可得，价格低廉。所以板岩作为一种既便宜，又可以无限重复使用的替代品，在中世纪的教室带来了很多进步。中世纪晚期，得益于自己的乡村学校体系，英格兰被认为是世界上受教育程度最高的国家。在这些学校里，教区牧师教佃农的子女学习基本的文字和数学知识。在一块来自12世纪东萨西克斯郡黑斯廷斯市的书写板上，人们可以看到上面刻着的字母表，还有拉丁语主祷文。这都是用来作示范用的。

叶子一般的岩石

　　板岩是一种变质岩，这说明它刚形成时的岩石成分和变质
后的岩石成分是不一样的。板岩的前身是页岩。从结构上来看，
板岩呈层状，也就是说，它具有页状结构，可以被分裂成厚石板，
用作屋面瓦或者地面砖。在西班牙北部的加利西亚地区和英国
西部的威尔士，人们大量开采板岩，当作砖瓦卖到世界各地。
板岩不透水，因此是一种理想耐用的屋面瓦。这也意味着在低
温条件下，它不像吸水性强的材料那样会因霜冻而损坏。

　　尽管板岩不像金银那样耀眼夺目，也不
像硝石或铀那样具有破坏性，但在人类历
史的长河中，它给人类提供了宝贵的支持，
不仅给学者们提供了一种既环保又可以循
环利用的书写工具，而且为他们提供了干
燥舒适的学习环境。

板岩艺术

　　在欧洲人登上美洲大陆之
前的几千年里，那里的原住民
有着制作颈饰的传统。他们或
者把它缝到衣服上，或者戴在
身上做挂件。这些颈饰长约 2.5
英寸（约 6 厘米），由打磨光
滑的板岩制成，上面饰有雕刻
花纹，被认为是效忠部落或宗
族的象征，或者是社会地位及
等级的标志。在金属资源匮乏
的北极地区，美洲原住民还把
板岩制成因纽特人传统刀具乌
卢刀的刀刃。

艺术载体

在美洲，板岩是一种重要
的艺术载体。

铁

Ferreus

类型：金属
来源：陨铁、天然铁、
铁矿石
化学式：Fe

◎工业
◎文化
◎商业
◎科研

后来居上
　　铁的冶炼远比
铜要复杂。

　　铁是地表第四大元素，但从铁矿石当中提取的难度比较高。因此，继铜和青铜冶炼技术之后出现的铁器是古代人类的伟大技术成就之一。然而，炼铁技术的广泛传播出现在一个特殊的时期。当时，全世界大部分地区突然进入了人类历史上第一个也是最黑暗的时代。铁器传播开来之后，在大多数日常生活和工业领域取代了其他金属。

第一个"黑暗时期"

　　我们在前面介绍了铜和青铜冶炼方法是如何出现在旧大陆上的，并且讲述了这些金属的制造和贸易是怎样促进了人类早期文明的发展，并催生了一些先进的商业、技术、文化、科学和艺术成就。然而，这个时代却在一个今天被称为"青铜时代大崩塌"（约前 1200—前 1150）的时期戛然而止。紧随其后的是长达几个世纪的黑暗历史，许多城市被毁灭和废弃，许多地区的文明也消失了。5 世纪，西罗马帝国走向了崩溃，西方世界随后步入了后世所谓的"黑暗时期"。城市的生活方式、文化成就以及技术水平在某些地区消失了，但同时也在其他地方存续了下来。在那些受冲击最严重的地区，有些城市尽管已经大不如前，但还是保存了下来。而且地球的另一端，例如中国，并没有受到这场大崩溃的影响。

　　然而，受影响地区遭遇的形势却非常严峻，甚至可以说是毁灭性的。叙利亚海滨城邦乌加里特在青铜时代曾是一个重要的贸易枢纽，连接着埃及、希腊、塞浦路斯以及美索不达米亚地区。它拥有独特的含

31 个字母的字母表。这个字母表被认为在后世文字——包括英语——的发展中发挥了重要的作用。前 11 世纪早期，乌加里特遭到了不明身份的神秘"海上民族"的侵略。这些海盗式的入侵者远比 8 到 11 世纪入侵欧洲的维京人更为可怕。大约在前 1190 年，乌加里特最后一任国王绝望地向自己的邻国和盟友发出了求救信，他写道："敌人的战船攻来了，我（的城市）被化为灰烬，他们在我的国家坏事做尽。"然而他任何救援也没有等来，因为他的盟友们都被自己的难题困扰着。不久之后，这座城市就遭到了攻击，被夷为平地，再也没有重建。类似的命运等待着这里的所有国家和城市。10 年之后，（哈蒂）帝国（今土耳其安纳托利亚）也消失在了历史的长河中。埃及法老虽然击退了海上民族的入侵，但几个世纪之后，不得不臣服于来自南方的努比亚侵略者脚下。

铁甲战士

　　早期考古学家和历史学家提出，在青铜时代摧毁希腊、近东地区以及埃及文明的海上民族和其他入侵者装备了更先进的铁制武器，其武器水平远远超出了他们已经定居下来并且使用青铜武器的对手。因此从技术进步角度，我们可以清楚地看出一类文化是如何转变成了另外一类的。或许这和美洲文化随着哥伦布发现新大陆而消亡一样令人痛心，但却是技术进步所带来的一种难以避免但同时也是积极的结果。越来越多的考古发现将炼铁技术的出现时间提前了好几百年，然而它们却并不能确定这种突然出现的历史进步到底是何时出现的。

德里铁柱

　　作为印度古迹，德里铁柱极富盛名，而且诞生千年以来一点也没有锈蚀，以至于不明飞行物研究家艾瑞克·冯·丹尼肯宣称这铁柱只有外星人才能造得出来。德里铁柱几乎完全由纯熟铁制成，体型巨大，高 23 英尺（约 7 米），重 6 吨，约制造于 1600 年前的印度国王旃陀罗·笈多二世（又称超日王，375—414）统治时期。它最早是一座印度耆那教庙宇的柱子。后来穆斯林人征服了印度北部，又拿它来建造清真寺。不管放在哪个时代，德里铁柱都是一件"不可思议"的铁制品。铁柱的磷含量很高，这会在铁柱表面形成抗锈氧化层，保护铁柱不会锈蚀。

虽然科学家曾认为西台人大约在前 14 到前 12 世纪发现了铁的加工方法，海上民族跟他们学会了这些技术，并把它传播到了地中海地区，但是考古记录显示，西台人所拥有的铁制品跟当时的其他定居文化相比并没有明显优势，因此并不能证实该观点的合理性。2005 年，在土耳其靠近卡曼卡雷霍尤克遗迹的一项考古发现将该地区钢铁生产的出现时间推到了距今 4000 年前。一支日本考古小队在那里发现了两块小铁片。这两块铁片并非由陨铁制成，而且考古学家认为它们曾被用在刀刃上。这说明炼铁技术在亚洲的西南部或者中南部（很有可能是高加索地区）得到过发展。

尽管早期许多铁器都是由未经炼制的陨铁（见后文）制成的，但普遍认为铁制品出现在第二千年和第三千年的埃及跟美索不达米亚地区。在距今约 4000 年前的印度，冶铁技术得到了发展。到了前 1000 年，炼铁工业已经高度发达。进入公元前期，人们甚至已经造出了大型锻件。在中国，虽然青铜时代一直持续到前 3 世纪，但冶铁工业很早就出现了。

铁娘子

埃菲尔铁塔是 20 世纪早期世界上最高的建筑物，被法国人亲切地称为"铁娘子"。埃菲尔铁塔最初是 1889 年法国巴黎博览会的临时大门。铁塔高 1063 英尺（约 324 米），重 7300 吨，由搅炼铁构成。纽约自由女神像一开始也是一座用同样材料制成的地标建筑。但在 20 世纪末，它的盔甲被换成了不锈钢材料。

展览精品

人们最初建造埃菲尔铁塔是要把它当作展会大门。

锻之以观后效

如果人类确实早在青铜时代就已经知道了铁，为什么它没有在更早的时候取代青铜呢？尽管铁暴露在空气和潮湿条件下会锈蚀，但比起铜或青铜，它的质量更轻，强度更高，而且还更为锋利，因此是一种更加理想的武器盔甲材料。锻铁和铸铁的刚性要么太低，要么太高，与之相比，钢——我们将会为它开辟专门章节——则更适于制造武器。这个考古谜题到目前为止仍未解开。但答案也许要从技术、审美以及商业等几个方面来分析。

天壤之别

早期铁剑的性能通常要劣于青铜剑。

首先是技术层面。不论是与铜还是青铜相比，铁的生产和加工难度都要高得多。铜矿石熔化时，铜液会自动跟矿渣分离，流入熔炉底部，因此将铜液从熔炉倒入模具中相对简单。在青铜时代，熔炉的温度不是很高，铁矿石在其中无法熔化成铁水，只是一团金属跟矿渣混杂的黏稠物质。作为炼铜的副产品，任何在此过程中产生的铁都有可能被人当作毫无价值的废物丢弃。然而在历史的某个时刻，某个铁匠突然好奇之心大发，拿起这团毫不起眼的半熔化的家伙锻造起来，看看它能变成什么，就像在之后几千年里，无数铁匠所做的那样。

锋刃

打磨后，铁的锋利程度要远胜于其他金属。

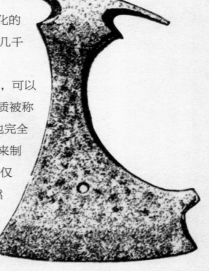

熔化的铁块被称为铁坯。通过在铁砧上锤打，可以将其中的矿渣挤出，经多次锤炼之后，剩下的物质被称为熟铁或锻铁。锤炼的过程不仅十分耗时，而且也完全迥异于青铜的生产。这样生产出来的锻铁可以拿来制做小物件。不过要想制造剑一类的大型物品，不仅要求制造者拥有高超的技艺，而且要投入相当的燃料、时间和精力。这样生产出来的锻铁的品质远远比不上已经经过反复试验的青铜，而且早期的铁剑还有一大缺陷，那就是在战斗中经常会断裂。

扭曲的利剑

　　罗马人 1 世纪入侵不列颠时曾记录说跟他们对阵的敌人有时不得不从战场上撤退，好把砍弯的剑弄直。在进入帝国时代之前，罗马人并未完全淘汰青铜武器。将领的武器仍然是青铜材质的，而士兵用的则是铁制的。冶铁技术的进步十分缓慢，人类直到工业革命时代才完全掌握了它的化学原理。因此，在铁器时代早期，铁制武器的品质完全依赖于各个铁匠的技艺，铁匠也因此赢得了掌握秘密和魔法知识的名声。有理论认为，制造铁制工具所需投入的额外技能、时间和精力阻碍了铁器制造在许多地区的传播。

　　在人类由青铜时代向铁器时代过渡的过程中，另外两个深层因素也有可能扮演了重要角色。第一个是美观因素，它有可能延缓了人们接受铁器的过程。在人类的众多文化当中，美观与否是一种不可低估的力量。黄金这种相对来说没什么实用价值的金属，不管在哪里都比别的东西贵重。黄铜和青铜色泽金黄，即使受到侵蚀，也有一层同样受人喜爱的铜绿色。而铁却带有一种暗沉的银灰色。一旦锈蚀，便呈现出一种难看的红褐色。古代埃及人就不喜欢铁，认为它掺有杂质，很难看。虽然他们最终也承认铁制武器的优越性，但很少拿铁制品供奉自己的神明。而第二种因素则是商业活动。它有可能加速了铁器的传播。

　　一种理论认为，青铜时代大崩溃瓦解了连接北欧和地中海地区的远距离贸易网络，导致青铜冶炼业丧失了一种关键原料——锡。铜匠没有任何选择，只能去寻找替代品，以应对不断减少的锡青铜。虽然贸易活动确实减少了，甚至在受影响最严重的地区都消失了，但近东地区和地中海一带的青铜生产量仍然很大。前 1100 年到前 800 年之间，

北极圈之谜
　　因纽特人不掌握任何制铁技术，但却造出了铁制餐具。

炼铁在旧大陆为人们所广泛接受。不过在许多实用领域，铁器直到 1 世纪才完全取代青铜。在美洲大陆，铁器时代发端于 15 世纪西班牙人的到来。

谜底解开

上图的陨铁是因纽特人的铁制品原料。

阿兹特克人跟玛雅人虽然是水平高超的金银匠，但日常生活使用的却是石器时代跟青铜时代的技术。而在印加文化和其他南美安第斯山脉文化中，人们只懂得如何加工黄铜和青铜，并不懂得如何加工除了陨铁之外的铁金属。新大陆跟旧大陆之间金属冶炼水平的差异也是新大陆被迅速征服的原因之一。

绿色革命

铁制工具给农业生产带来了革命。

最早的厨具
　　古代中国人制造出了世界上最早的铸铁厨具。

铸铁

　　冶铁由锻铁发展而来。锻铁对熔炉的温度要求并不高，而铸铁则反之。世界上第一块铸铁出现在前 1000 年的中国。中国人尽管给世界贡献了许多重大发明，但在炼铁领域却落在了后面。考古学家认为，锻铁技术是由中亚传播到中国的。在当时，中国的青铜铸造技术已经达到了非常高的水平，其熔炉效率也很高，温度比同期欧洲或者近东地区的熔炉要高得多。人们猜想，肯定是有个中国锻铁铁匠的熔炉温度达到了神奇的 1150℃（2010℉）。达到这个温度，熔炉里产出的就不是制造锻铁的铁坯，而是熟铁。熟铁熔化冷却后就形成了生铁。熟铁跟熔炉里的碳结合，形成碳含量超过 2% 的碳铁合金。并且可以像青铜一样倒入模具。到了前 1000 年中期，中国人已经开始铸造像鼎这样的大型铁器。1 世纪，他们发明了高炉，并且在 1 世纪开始使用水车为之提供动力。类似的技术直到中世纪和现代早期才在西方出现。

　　钢铁技术不仅促进了古代中国农业和其他行业的发展，而且帮助其主导了周边落后的邻国。2 世纪，汉朝（前 206—220）朝廷垄断了铁的生产和销售，禁止向周边蛮族出口铁制

天堑变通途
　　炼铁技术的进步促使铁在土木工程领域得到了广泛应用。

工具和武器，以保持其领先地位。中国人还发明了"搅炼法"改进铁的质量。所谓搅炼法，就是搅动熔化的铁水，改变其碳元素含量。同样的，这项技术在西方也是好几个世纪后才发现的。不过7世纪以后，所有的钢铁冶炼技术创新都出现在西方。欧洲的英国、比利时和德国鲁尔区等拥有优质的煤炭和铁矿资源，这些地区在发展蒸汽动力这样的新兴工业技术时具有很大优势。18世纪80年代和19世纪30年代，英国分别率先发展了固定式蒸汽机和铁路。这两项进步要求有与之相匹配的冶金水平，为锅炉、铁路以及建筑行业提供强度足够高的铁。

沧海桑田

对铁的巨大需求带来的大规模露天开采改变了某些地区的地形地貌。

　　因为耶和华你神领你进入美地，那地有河、有泉、有源，从山谷中流出水来；那地有小麦、大麦、葡萄树、无花果树、石榴树、橄榄树和蜜。你在那地不缺食物，一无所缺。那地的石头是铁，山内可以挖铜。

——《圣经·申命记8:7-9》（钦定本）

高岭土
Gaoling

类型：硅酸盐矿物
来源：高岭石
化学式：$Al_2Si_2O_5(OH)_4$

◎**工业**
◎文化
◎**商业**
◎科研

神秘配方
　　高岭土是中国人烧制瓷器的基本原料。

　　高岭土是中国高温瓷器生产所需的一种主要原料。中国的瓷器自中世纪进入欧洲开始就一直备受西方人的喜爱，并在18世纪初被德国人成功实现了仿制。

罪行与"白色黄金"

　　欧洲生产的第一件高温陶瓷出现在18世纪初德国的萨克森。传说它是一个名叫约翰·伯特格尔（1682—1719）的炼金术士的功劳，但实际上，这应归功于德国人埃伦弗里德·冯·切恩豪斯（1651—1708）。切恩豪斯十分博学，是一名数学家、医生兼物理学家。当时，瓷器一直是高价从中国和日本运输而来。因此切恩豪斯对制造瓷器产生了兴趣。作为一名经验主义科学家，切恩豪斯反复试验了多种不同类型的黏土和烧制温度。1704年左右，他成功烧制出了一个小瓷杯。

　　此时，他受托照顾一名19岁的逃亡炼金术士——约翰·伯特格尔。伯特格尔声称自己可以点石成金，当时正在躲避普鲁士国王法庭的追捕。萨克森的选帝侯——奥古斯特二世（1670—1733）也迫切地想得到伯特格尔点石成金的秘密，于是便"救"了他，并把他交给切恩豪斯软禁。起初，伯特格尔对切恩豪斯的制瓷工作并无兴趣。

不过由于奥古斯特二世让他炼金的要求令他深受困扰，于是他在 1707 年勉强答应去协助切恩豪斯。伯特格尔到底给切恩豪斯的发现做出了多大贡献并不为人所知。不过切恩豪斯 1708 年突然因痢疾暴毙后第 3 天，他做出来的那个瓷杯就在家中被盗了。现在人们认为伯特格尔就是窃贼本人。第二年，伯特格尔向奥古斯特宣布自己发现了制造瓷器的方法。1710 年，奥古斯特为表达感激之情，任命伯特格尔主管自己在萨克森新建的瓷器工厂，也就是后来世界闻名的麦森瓷器厂。尽管伯特格尔从未成功炼出过黄金，但麦森出产的精美瓷器被称为"白色黄金"。

窃贼

伯特格尔（左图）窃取了切恩豪斯的发明。

仿制品

一件仿照中国瓷器制造的麦森瓷器作品。

中国元素

瓷器的英语 porcelain 来源于拉丁语，原本被用来形容那些跟中国瓷器相似的易碎而又色彩缤纷的贝类。在英国，瓷器还按照它的产地被称为 China（中国）。然而，在中国，瓷器的分类标准更多，包括高温瓷器和低温瓷器、以黄河长江为分界线的南方瓷器和北方瓷器，以及花纹、色彩、风格或烧制日期等分类标准。

中国的瓷器制作原料为高岭土。这种土的名称来源于中国瓷都——江西省景德镇市的一处地名。高岭土提取自黏土矿物高岭石。它和长石（又被称为瓷石或白墩子）以及石英的混合物经过烧制就变成了瓷器。欧洲人久久不能掌握的瓷器烧制的秘密并不仅仅在于它遍布全球的生产原料，还包括它大约 1300℃ 的烧制高温。这高温能确保黏土实现玻璃化，将其变成

来自中国的礼物

欧洲最早有历史记录的中国瓷器是 14 世纪初产自景德镇的一个青白瓷瓶。1338 年，出访罗马教皇的元代使臣将这个瓷瓶贡献给了匈牙利国王。后来，匈牙利国王给它装上了银质的底座、把手、盖子和壶嘴，把它改装成了一个大口酒罐。瓷瓶的历任收藏者包括欧洲多名君主。最后，该瓷瓶被收藏于英国放山修道院，并恢复了原样。

瓷器的原料含两种黏土。一种被称为白墩子，另一种则名为高岭土。后者含有闪光微粒，而前者则色泽纯白，触感光滑。

——摘自教士殷弘绪（1664—1741）1712 年的信件

一种强度较高的半透明材料。

这种材料制造出来的器物比陶器更为轻薄，而且可以用来制作麦森雕像这样外形复杂的雕塑型器物。

中国人究竟是何时造出了第一件瓷器？这个问题在学术领域仍存争议。而且由于缺乏公认的瓷器定义，原始瓷器跟硬质瓷器（纯瓷）的区分标准仍然十分模糊，使得上述问题更难解答。根据部分专家的观点，硬质瓷器最早出现在汉代（前 202—220），不过使用高岭土高温烧制的陶器则出现在距今 3000 年前。易于辨认的典型中国瓷器多产于宋、元、明时期。其中明代的青花瓷常为欧洲人所仿制。

中国人在瓷器生产方面达到了非同一般的高超水平，其瓷器甚至可以如蛋壳般轻薄，像汉白玉般有着半透明的质地。尽管如此，在陶瓷史上很有趣的一点是，中国人从未发展出自己的玻璃制造业。虽然早在远古时期，中国人就造出了玻璃珠和玻璃盘，但在现代以前，玻璃在中国并未被用来制造瓶子和窗户。

易碎的财富

中国某陶瓷厂出产的瓷器精品。

美丽的骨头

　　1712 年开始，长期居住在景德镇的天主教耶稣会教士殷弘绪公开了一系列信件，详细描述了瓷器的制作方法（见后文）。虽然在此之前几年切恩豪斯和伯特格尔就已经在萨克森取得了相关突破，但借助殷弘绪的信件，法国人和英国人也开始尝试制造瓷器。18 世纪时出现了不同类型的硬质和软质瓷器。1756 年，法国在塞佛尔建立了皇家瓷器厂，以满足凡尔赛宫廷的需求。这家瓷器厂仅生产软质瓷器。

　　英国人生产的软质瓷器被称为"骨瓷"，它最早出现在 1748 年的伦敦。1790 年左右，约书亚·斯波德（1733—1797）在他位于特伦特河畔斯托克的工厂对骨瓷进行了改进。骨瓷中含有 25% 的高岭土、25% 的瓷石以及 50% 的骨灰。其烧制温度为 1200℃，稍低于硬质瓷器的烧制温度。骨瓷上最常见的装饰图案是以青花瓷图案为原型的"柳树花纹"。一开始人们采用手工方式把这种中式花园图案绘制在盘子上，后来又改为使用转印法。为了使图案更加受欢迎，人们甚至杜撰了一个穷小子爱上官府大小姐的故事，并大获成功，连中国的陶瓷商人也开始在自己出口到欧洲的瓷器上使用这种花纹。

经典图案

　　柳树花纹是英国人最熟知的瓷器图案。

废寝忘食

　　在法国，每个小学生都知道伯纳德·帕利西（约 1510—1589）是欧洲第一个造出像瓷器一般精美的陶器的人。有一天，帕利西见到了一件中国瓷器，让他大为着迷。从此之后，他花了 20 年时间潜心研究如何制造这种瓷器。有时候，因为缺乏研究资金，他不得不把家具和地板投到瓷器窑中，让自己的夫人既恼火又伤心。虽然帕利西终其一生也没能成功烧出瓷器，但他创造出了一种上釉且带有装饰物的陶器，被称为"帕利西陶器"。

石墨
Graphit

类型：天然元素矿物
来源：可发现于变质岩、火成岩及陨石
化学式：C

◎工业
◎文化
◎商业
◎科研

神奇的标记笔
    天然石墨可以直接切割成铅笔，不需要进一步加工。

尽管石墨有许多重要的工业用途，但对普通人来说，这种矿物最有名的用途便是铅笔的铅芯。石墨铅笔最早出现在 16 世纪，深刻地改变了书写和绘画。

岛国英伦

作为欧洲大陆边缘的一个岛国，英格兰（以及更大范围上的不列颠群岛）独特的地理位置保证了其国家精神的独特性和独立性。尽管多佛海峡只有 21 英里（约 34 公里）宽，但作为一堵坚实的天然屏障，它帮助英格兰抵挡住了来自欧洲大陆的侵略。有史以来，多佛海峡只有两次未能阻挡住来自大陆的入侵者。首次是在 1 世纪，罗马人在英格兰建立永久领地前曾多次成功入侵英格兰，第二次是在 1066 年，诺曼底人在黑斯廷斯战役中击溃了英国人的防守。当然，近代英国也曾多次遭遇侵略威胁。如法国皇帝拿破仑一世（1769—1821）1803 年的入侵计划，以及希特勒（1889—1945）1940 年制订的类似计划。不过，历史上对英国最严重的一次威胁发生在 1588 年。西班牙国王腓力二世（1527—1598）派遣无敌舰队意图征服英格兰，废黜其新教女王伊丽莎白一世（1533—1603），将英国重新纳入天主教阵营。

这次入侵计划由腓力二世提出，并由帕尔马公爵（1545—1592）跟麦地那西多尼亚公爵（1550—1615）共同指挥实施。前者曾任西属尼德兰（今比利时、卢森堡以及荷兰部分领土）总督，后者则是舰队的总司令。无敌舰队本打算从西班牙和葡萄牙的基地出发，跟位于佛兰德海岸的部队会合。可是西班牙人在英吉利海峡遭遇了英国舰队。英国舰队采用了先进的海军技术，并且明智地使用了装满火药和沥青的火攻船，拖住了无敌舰队，成功阻断了无敌舰队跟另一端的部队会合。最后，无敌舰队不得不取道苏格兰及爱尔兰沿岸返航，蒙受了沉重的损失。

炮弹与石墨

对比西班牙，英国人的一大技术及策略优势在于其舰载武器。此前几个世纪，海战的主要战术是尽可能接近敌舰，借助抓钩逼停对方，从而让己方水手登上对方战船。这是因为战船本身是非常有价值的战利品，所以战斗的主要目的就是夺取对方战船，而不是击沉它。然而，在与无敌舰队交战的过程中，面对体积庞大、装备有重型武器的西班牙大军舰，英国战船必须在最大程度上利用自己的优势——更灵活的机动性、更高的船速以及更先进的舰炮。其舰炮可以在敌方战舰射程以外将其击沉。而英军所具有的这些优势应部分归功于石墨。

永留青史

石墨帮助英国海军打败了西班牙无敌舰队。

石墨的用途中，书写和绘画用的铅笔芯的知名度最高。虽然名为"铅"笔芯，但其成分实际上是黑色的石墨碳或掺有黏土的石墨粉。另外，石墨很早就被应用于工业，被用作耐火材料改善铁的铸造质量。16世纪上半叶英国人在位于英格兰西北部的湖区发现了"黑金"——不是通常所指的石油，而是地球上纯度最高的石墨矿。当地人发现自己可以使用石墨方便地区分各自的羊群，而且这里的铅笔生产一直持续到19世纪。不过在伊丽莎白统治时期，人们把石墨当作耐火材料涂在炮弹模具内。这样生产出来的炮弹更加圆滑，射程更远，精度也更高。因此英国海军比其欧洲大陆的敌手更有优势。所以说，英国石墨在保护英格兰的独立地位及其国教的过程中扮演了重要角色，并且给英国海军带来了一种一直保持到了20世纪的军事优势。

现代铅笔芯

现代的铅笔芯由黏土和石墨制成。

不管怎样，我会再站起来；拿起我的铅笔——那支我绝望到顶点时放弃的铅笔；继续我的绘画创作。

——文森特·梵高（1853—1890）

石膏
Gypsatus

类型：硫酸盐矿物
来源：沉积岩，如沙砾以及温泉沉积物
化学式：$CaSO_4 \cdot 2H_2O$

◎**工业**
◎文化
◎**商业**
◎科研

石膏的形式有很多，包括石膏粒和石膏晶体、雪花石膏以及沉积岩中的白垩沉积物，它是熟石膏的主要成分。熟石膏在建筑、艺术以及医药领域扮演着重要的角色。

打石膏

2002 年，我在意大利骑自行车度假。罗马北部的拉齐奥山区风景如画，下山时，我不小心摔倒在地。因为摔得不是很疼，所以一开始，我只是吓了一跳，于是我只是拍了拍身上的尘土，检查自行车有没有什么损坏。可到了晚上休息时，我疼得好几个小时都睡不着觉。直到这时，我才意识到自己可能是摔骨折了。于是我去当地医院做了个 X 光检查。诊断显示我的腕舟骨骨折。这很麻烦，因为腕舟骨虽然不起眼，但却很重要，是连接手掌和手臂的腕骨之一。最后，医生开处方把我的手指跟手肘之间部分打上石膏绷带，固定住腕关节，令骨折位置恢复。

石膏绷带使用的是传统材料，从 19 世纪开始就一直被用来治疗骨折。

这是一种饱含熟石膏的绷带，只需几分钟就能干燥，不用一个小时就能在前臂上形成一层硬壳。医生磕磕绊绊地用英语告诉我，我的手关节必须完全固定才能让骨头恢复好。他还建议我多休息，尽量少活动。不过我是在骑自行车度假，所以这话我可没听进去多少。

骨折后固定肢体并不是什么新疗法。工业时代之前医生就知道，如果病人手脚骨折后采取的治疗方法不当，有可能会完全丧失其骨折肢体的功能。前 5 世纪的希腊医生希波克拉底被称为"医药之父"，他就建议在骨折处采用带有牵引功能的长

灰泥
石膏是家用灰泥的主要成分。

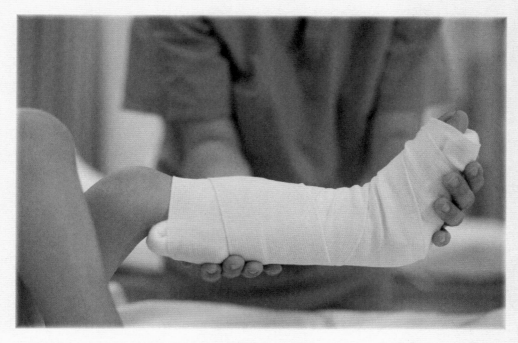

凳固定病人，确保伤处的愈合位置正确。早在中世纪以前，医生就认识到了如何借助夹板和硬化绷带保持骨折处正确伸直。19世纪之前，人们曾使用多种方式来硬化绷带。例如在古埃及，医生就曾借助制造木乃伊所使用的方法。即使在有着X光等高科技成像技术的今天，骨折如果固定不好也会导致病人的残疾和疼痛，而且还得通过手术再次断开骨折处才能治好。

治疗骨折时，病人跟医生所面临的最大问题是病人会有很长一段时间不能动弹。这对需要工作谋生的人以及战场上的士兵来说很不实际，因为他们需要的是迅速有效的治疗。19世纪起，平民以及部队上的医生开始试验用不同的方式硬化绷带。医生们发现艺术设计当中使用的熟石膏能够迅速干燥，是最合适的绷带硬化材料。

在早期的骨折治疗中，病人的整个肢体被巨大的石膏壳包裹住。这虽然可以保证骨折部位正确愈合，但也意味着病人有好几个星期不能动弹。

石膏绷带

熟石膏绷带彻底改变了骨折的治疗。

豆腐补钙

奶制品是一种天然的含钙食品。然而在东亚的传统食物中，奶制品比例很低。钙元素对保持健康的牙齿和骨骼的成长非常重要。豆腐类似于欧洲马苏里拉奶酪和意大利乳清干酪等某些未经高温消毒的奶酪，也是一种含钙量较高的食品钙源。不过豆腐中的钙并不是来源于其原料黄豆，而是含有石膏的卤水。

准备好一个深约6英寸，长度与骨折肢体相当的松木盒子或水槽……然后把熟石膏液体倒入盒中，没过肢体1英寸。
——《生石灰在骨折治疗中的应用·柳叶刀》（1834）

独特的隔热性

石膏沙跟海滩上的普通沙子不同，在太阳照射下并不会升高温度。

石膏绷带最早出现在 19 世纪中期，一名荷兰部队外科医生将其引入了外科领域。这名医生在处理骨折肢体时，将饱含干燥石膏的亚麻绷带弄湿，再把它包裹到骨折处。几年后，俄国一名外科医生在治疗克里米亚战争（1853—1856）的伤员时发明了类似的方法。到 19 世纪末，这已成为医院和战场治疗骨折的标准疗法。虽然动作会有些笨拙，但只把上肢或下肢包裹起来允许病人有些许活动空间。这一点，笔者在意大利的遭遇可以证实。我那笨拙的新石膏"饰品"常常引得其他骑手和司机注目。不过，笔者还是完成了剩下的 100 多英里（约 160 公里），开心地一路裹着石膏骑到了罗马。6 个周后，石膏很好地完成了它的使命，我的骨折完全好了，这一点我可以向诸位读者保证。

雕塑家的首选

雪花石膏最早的用途之一是被用来雕刻外形复杂的装饰品和雕像，它质地柔软，呈半透明状，是一种理想的雕刻材料。除了真汉白玉或方解石雕刻，人们在旧大陆所有的主要文明当中都曾发现过雪花石膏雕刻。在中世纪的英国，雪花石膏还被

雕刻成精美的祭坛装饰物和墓碑。不过由于它能溶于水，所以不能被用作永久性的建筑或装饰材料。在艺术领域，熟石膏被拿来制成铸铁雕塑的模具以及艺术作品的复制品，用于博物馆展出或供艺术生临摹。

在伦敦维多利亚与阿尔伯特博物馆的铸铁庭苑，人们可以看到世界上最著名的石膏模型收藏品。这里的雕塑复制品包括像米开朗基罗的大卫像这样的等比例雕塑，以及圣地亚哥－德孔波斯特拉主教座堂光荣拱门这样的史迹局部。其中最壮观的是罗马图拉真圆柱的仿制品。图拉真圆柱落成于 113 年。由于圆柱的原型极为高大，人们不得不把这仿制品分成两段。

室内设计

可以用石膏制造复杂室内设计图案的模具。

模型复制

石膏被用来复制大量艺术作品，用作博物馆展出。

水银

Hydrargyrum

类型：过渡金属
来源：天然水银和矿物，
尤其是朱砂矿
化学式：Hg

◎工业
◎文化
◎商业
◎科研

朱砂加热后会变成流动的金属——汞，因此成为
长生不老药中最受喜爱的一种成分。据说，它能把其他
金属变成黄金，并且能使人长生不老。

——《炼金术与炼金术师》，R. 斯温伯恩·佳玛著

毒矿
　　高含汞量
的朱砂矿带有
剧毒。

假如黄金象征财富，钢铁标志着工业，那汞便代表着人类悠久的魔法和伪科学传统。在人类彻底了解化学元素之前，汞被当作一种半魔法物质，跟炼金术的两大目的——长生不老药和魔法石紧密相关。据说，长生不老药能令人永生不死，而魔法石则能将贱金属变成黄金。水银曾被用作药物，不过今天我们已经知道它实际上含有剧毒，是工业时代最危险的污染物之一。

帝国的诞生

前 3 世纪，地球上最有权势的人既不是亚历山大大帝（前356—前 323）的后人，也不是罗马的执政官，而是中国的第一位皇帝——秦始皇（前 259—前 210）。之前在青铜和铁的章节中我们提到，青铜时代大崩溃（约前 1200—前 1150）开启了欧洲南部以及近东地区的第一个黑暗时代，推动了新文明在这些地区的形成，以及青铜技术向铁器技术的过渡。在此期间，欧洲南部和近东地区文明遭到了灾难性的破坏。

与此相反，中国却行走在一条与之有着天壤之别的文化技术轨道上。根据中国传统史学观点，中华文明始于夏朝（距今约 4100—3600 年前）。考古学家目前仍在寻找夏朝的考古证据。不过我们已经证实，到了商朝（距今约 2056—2700 年前），中国已经出现了高度的城市文明，生产出了精美的青铜器物。中华文明发源于河南和陕西境内，并逐渐扩张，占据了整个华中和华北地区。战国（约前 475—前 221）末期之前，虽然中华地区在文明上是统一的，但在政治上仍分裂为多个小国。通过大举扩张和兼并，

异想天开

　　秦始皇派遣人员出海寻找长生不老之药。

秦国国君嬴政首度统一中国，成为史上第一位皇帝。他所创立的封建君主制一直延续到 1911 年。

寻求长生不老

　　尽管权倾天下，拥有巨大的财富，但秦始皇仍然深受困扰。他和后世许多权倾一时的人一样，对死亡深感恐惧。因为一个人即使掌握了全世界所有的权力跟财富，也不会改变死亡最终还会降临到他身上的事实。然而这并不能阻止秦始皇寻求不死之法。在那样一个人类不能科学认识世界的时代，中国人结合法术和一系列对自然世界惊人准确的观察，发展出了一套思想体系。虽然有着先进的医学发展，但这个体系并不是建立在解剖学和细菌理论之上，而是以气和肌体的阴阳调和为理论基础。中国的医生和方士认为五行——金、木、水、火、土——的相互作用创造了物质。这里的五行不同于西方四元素说中的土、气、水、火以及后来发展出来的以太元素。跟古代欧洲、近东地区以及印度的炼金术士一样，中国的方士也相信长生不老药的存在。为了造出长生不老药，他们将目光投向了那些不会随着时间而衰败的物质，如玉石、黄金以及从朱砂矿里提取出来的会流动的金属——水

气压和气压计

　　科学革命之前，人们认为包裹地表的大气层对地球表面不施加任何的力。毕竟，空气看起来不像是有重量的样子。不过，由于我们不是生活在真空中，空气肯定是有质量的，因而也肯定会对地球表面及其附着物产生作用。几名意大利科学家，包括贝尔蒂（约1600—1643）、伽利略（1564—1642）和托里切利（1608—1647），进行了一系列实践性实验，研究我们现在所谓的"大气压力"。贝尔蒂设计了一种仪器，由长 34 英寸（约 86 厘米）的两端开口管子组成。他在管子里装满水，将其立在盆中。由于大气压力的存在，管中的水不仅没有从底部流出来，而且保持着一定的高度。尽管贝尔蒂的仪器能很好地测量大气压力，但体积过大，不适于日常测量。贝尔蒂的试验启发了托里切利，他想到了使用比重超过水的液体进行气压测量。在一次偶然情况下，他借助水银把实验所用柱状物缩短到了 31 英寸（约 79 厘米），从而发明了第一个实用水银气压计。

水银气压计

　　托里切利用水银代替水，制出了第一个实用气压计。

水银　97

流动的金属

汞是一种独特的金属。
它在室温条件下是液态的。

银。为了解开长生不老的秘密，秦始皇投
入了大量的时间、精力和财力，曾派遣
多支队伍出海寻找长生不老药，并命令自
己的方士炼制此药。后世遗留的配方显示，这
其中可能含有某些如砒霜、硫磺和水银这样增强精力的成分。

现在我们知道汞是一种极为危险的污染物，会在食物链中，
尤其是贝壳和鱼类体内积聚。而这些东西又会被人类食用。汞
中毒所造成的最严重的事件之一是水俣病。在 20 世纪五六十年
代，日本有成千上万的人得上了这种疾病。其表现包括肌肉无力、
神经病变、精神错乱、麻痹甚至是死亡。秦始皇也许本来就有
些偏执，而他为了能长生不老而频繁服用含汞的金丹，可能加
速了他的疯狂，令他在 49 岁就早早去世。

作为世界上最强大帝国的统治者，秦始皇的陵墓宏伟无比，

炼金术

炼金术士声称他们能
把水银变成黄金。

以体现其地位。秦始皇陵位于陕西西安附近，整个陵墓被建在一座巨大的土丘之中。在 1974 年的墓群发掘中，最壮观的发现便是护卫秦始皇陵的 8000 余尊真人大小的高大兵马俑。据记载，秦始皇陵的墓室当中还有更多奇观，包括一幅巨大的秦帝国地图，地图上的河流都由水银构成。然而进入现代以来，秦始皇陵所在的土丘从未曾被发掘过，因此无法验证这种说法是真是假，也无法确定墓室到目前为止是否完好无损，又或者是否曾在古代被盗掘过。不过，遥测显示土丘内部有一个巨大的墓室，同时土壤的含汞量也异常高。

　　17 世纪科学革命之前，炼金术士沉迷于寻找神秘的长生不老之药和能点石成金的智者之石。许多现代科学之父，如发现万有引力的牛顿爵士（1642—1727），同时也是炼金术士。他们对永生不死的追求、现代物理和化学科学的建立也起到了十分重要的作用。

水银喷泉

　　西班牙城市阿尔马登曾是历史上最大的朱砂矿水银产地。西班牙内战（1936—1939）期间，此城惨遭弗朗哥将军（1892—1975）军队的围攻。美国雕塑家亚历山大·考尔德为 1937 年巴黎世界博览会创作了一座水银喷泉，以纪念这一事件。这座圆形喷泉现存于巴塞罗那，用于永久展出。

钾

Kalium

类型：碱金属
来源：钾矿，或洞穴中的有机沉积物
化学式：K

◎工业
◎文化
◎商业
◎科研

虽然人类直到19世纪才分离出纯金属钾，但钾的化合物自古以来就有许多重要的用途。其中，最著名的是用作肥料，补充土壤中流失的钾肥。另外，钾化合物还被作为碱质，用于肥皂生产。

肥皂起源

在欧洲，关于肥皂的起源有两种截然不同的说法。一种说是罗马人发明了肥皂，另一种则称肥皂是野蛮的高卢人和日耳曼人的发明。在罗马传说中，俯瞰罗马台伯河的萨波山山顶上曾有一座神庙。在这里，罗马人依照习俗宰杀动物向众神献祭，并把这些动物放到献祭的柴堆上燃烧，好让众神收到这些祭祀品。烧剩的草木灰（碳酸钾 K_2CO_3）混合着动物脂肪——肥皂的两大成分——流到山下，进入台伯河中，使得河水带有分外强大的清洁能力，备受当地妇女喜爱。

这虽然是个不错的故事，不过现在人们认为它是编造出来的。考古学家指出，动物被献祭时，可以食用的部分——肉和脂肪——会被祭司跟献祭者吃掉，而神明收到的就只剩下祭品的毛皮、内脏和骨骼。按照故事里所说的方式，这些部位所含的动物脂肪不足以产生肥皂。

分不清
　　钾是一种碱金属，曾长期被与钠混为一谈。

古希腊和罗马人尽管很注重个人卫生，有着著名的公共浴池，但他们并不用肥皂来洁净自己。希腊运动员在运动场所训练完后，会先用橄榄油混合沙子覆满全身，再用一种名为刮身板的工具将之刮掉，然后进入浴池泡澡。

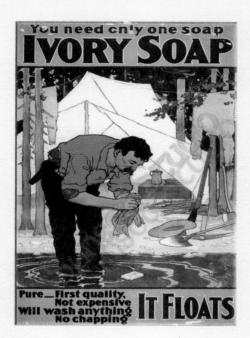

在英格兰，最简单粗糙的草木灰成品被称作灰球，在爱尔兰则被叫做草灰。尽管两国每年的产量都很可观，并且消耗在近邻的农民手中，但它并不能算是一种像样的商品。

——节选自《洗衣经济》（1852）

软硬皆宜
肥皂可以呈柔软的凝胶状，加入盐后，则硬化成块状。

软皂

根据罗马人的说法，最早发明肥皂的实际上是古代高卢和日耳曼尼亚落后的野蛮人部落。他们用草木灰跟动物脂肪制成肥皂，每天用来清洁自己。这样做出来的肥皂是半流体的软皂，跟我们现在的沐浴露类似（不过其色彩和香味可不像现在这么丰富）。在软皂中加入盐就能使其硬化，产生的硬皂可以切成块状。不过，在盐很少见或者很昂贵的情况下，多数制皂作坊都倾向于制造软皂。

18 世纪早期，随着制皂技术日益进步，肥皂也开始成为一种日用品。但由于英国君主对肥皂征税，人为导致了肥皂价格的上涨，阻碍了肥皂的普及。1816 年，肥皂税提高到了每磅 3 便士，使得肥皂成了货真价实的奢侈品。1853 年，英国政府终于认识到大范围普及肥皂使用对人民健康的益处。尽管肥皂税每年带来的税收极为可观，高达 100 万英镑，英国政府还是取消了这个税项。

营养成分钾

钾是一种必需的膳食补充剂，帮助人体细胞保持体液平衡，并且对神经和大脑维持正常功能发挥着重要作用。幸运的是，大部分水果、蔬菜、肉类、鱼类都含有钾。其中，欧芹、巧克力、开心果、鳄梨跟麦麸的钾含量尤其高。近代研究显示，许多美国人、德国人跟意大利人的膳食结构中缺乏钾，这增加了他们患上高血压、中风和心脏疾病的风险。

过度课税
英国政府 1853 年之前一直在征收肥皂税。

大理石
Marmor

类型： 变质岩
来源： 石灰岩受变质作用的产物
化学式： CaCO₃

○工业
○文化
○商业
○科研

大理石是古代人们创作雕塑，建造寺庙、宫殿和大型公共建筑的首选石材。雅典城外彭特利孔山上所产的白色半透明大理石质地细腻，曾被用来建造雅典卫城中的建筑物。千年过去，这些建筑的遗迹仍然是当今世界的艺术和建筑典范。

梅利纳·默尔库里失去了她的大理石雕塑

已故希腊演员兼歌手梅利纳·默尔库里（1920—1994）曾任希腊文化部长。在她任职的 8 年（1981—1989）期间，她充满激情地不断谴责英国政府拒绝归还帕特农神殿石雕（又称额尔金大理石雕）的行为，引发了英国小报的报道狂欢，以致有的小报刊出双关语新闻大标题——Melina loses her marbles（既可理解为梅利纳丢了大理石雕，又可理解为梅利纳行为举止怪异），取笑这位希腊文化部长。而根据希腊人的观点，1801 到 1812 年，希腊尚归奥斯曼帝国管辖时期，第七代额尔金伯爵汤玛斯·布鲁斯从当时已经损毁的雅典卫城建筑中非法掠夺了这些石雕以及一些其他建筑物构件。而英国人则认为这些东西都是通过合法手段获得的。额尔金伯爵宣称自己的行为是为了保护这些大理石雕免于损毁。英国政府接受了他的说法，并在 1816 年为大英博物馆购买了这些藏品。

前 480 年，波希战争（前 499—前 449）双方鏖战正酣。在这一年，波斯人攻陷了雅典城，将其夷为平地，并将其古老的神庙、祭坛和雕塑付之一炬。一直到主宰雅典黄金时期政坛的政治家伯里克利（前 495—前 429）上台，雅典卫城仍然是一片废墟。伯里克利说服雅典议会动用雅典帝国数目可观的税收重建卫城，为雅典建造一座无比壮观的舞台，用来举行宗教和市民节庆活动。尽管伯里克利有生之年并能看到这个伟大的重建计划完

内在之光
阳光下，雅典彭特利孔山出产的大理石散发出柔和的光泽。

荣耀已逝

　　雅典卫城废墟
1821 年的景象。

成，但整个古典时期，卫城一直被不断扩建和修饰。雅典人、马其顿人甚至罗马人都曾参与其中。

回到过去

　　在雅典的城中心，卫城的巨大石雕俯视着整座城市。可是雅典的外围已被毫无美感的现代建筑所包围，而且这些建筑甚至已延伸到相邻的山脚下。不过，任何一个去过雅典的人都不会否认雅典的壮美。

　　但对在前 5 世纪拜访雅典的人来说，这座城市不过是座带着围墙的小镇。卫城西边壮观的大门是卫城的正式入口，被称为山门（建于前 437—前 432）。山门跟雅典娜胜利女神庙（约建成于前 410 年）连为一体。穿过山门，首先看到的是高大的"冲在前线的雅典娜"青铜雕像。雕像高 30 英尺（约 9 米），其头盔和长矛顶端即使远在阿提卡最东面苏尼翁海岬的人都可以看得见。不过，这雕像可不会令游人停下脚步。因为走过它后面两座不起眼的矮小建筑便能看到卫城最耀眼的明珠——帕特农神庙（建于前 447—前 432）。帕特农神庙的立柱比例优美，柱墙内有两间大殿，一间放置着黄金和象牙制成的雅典娜雕像，另一间则是雅典帝国的金库。跟后世的教堂不同，帕特农神庙并不举行宗教仪式。这些活动都在卫城露天的祭坛进行。帕特农神庙更像是美国华盛顿特区国家广场上的纪念建筑。其目的是展示强大的国力，令参观者赞叹不已。伊瑞克提翁神庙（前421—前 406）耸立在帕特农神庙北边，既不像相邻的帕特农神

神之泪

　　印度的泰姬陵是伊斯兰文化的标志建筑，由莫卧儿帝国国王沙贾汗（1592—1666）下令建造，以纪念他的第三任妻子姬蔓·芭奴（1593—1631）。泰姬陵坐落于印度北部城市阿格拉外的亚穆纳河畔，整个陵墓由白色大理石镶嵌各种宝石和亚宝石建成。它始建于 1632 年，整个工程耗费 21 年时间才完工。沙贾汗晚年被自己的儿子废黜并软禁了起来。他死后，与妻子合葬在泰姬陵中。

庙那样雄伟壮观，又没有帕特农神庙那样讲究比例和对称。伊瑞克提翁神庙规模较小，是一座由多个建筑构件组成的复合结构建筑，其目的是将更为古老的神龛和祭坛容纳在一座建筑当中。

色彩鲜明

帕特农神庙的大理石雕原本粉刷着十分明艳的色彩。

古典版迪斯尼乐园

即便已遭损毁，今天我们仍然能够看到这些风格多样的建筑被整合到了一个宏伟的建筑格局当中。实现这一点的是建筑中所采用的半透明大理石。这些大理石开采自附近的彭特利孔山，质地细腻，色泽洁白。尽管几个世纪的时光令它们碎落一地，蒙上了灰暗的色彩，但雅典卫城的彭特利孔大理石在雅典的阳光下也曾熠熠生辉。曾几何时，虽然卫城中的主要建筑构件——如墙壁和圆形立柱——并未被粉刷上任何色彩，但山墙上的雕塑、柱石横梁与挑檐之间的雕带、排档间饰以及其他装饰纹样都被刷上了明亮的色彩。整个卫城看起来就像是个古典版的迪斯尼乐园。

卫城的神庙有幸在4世纪罗马帝国的基督教化和排挤异教徒过程中被保存了下来。帕特农神庙和伊瑞克提翁神庙跟罗马许多其他异教神庙一样，被改成了基督教堂。虽然庙中的崇拜神像被移除，但神庙的建筑构造本身并没有太大的改变。1456年之前，帕特农神庙一直扮演着教堂的角色。之后，伊斯兰人征服雅典，将神庙的一部分改造成了清真寺。虽然伊斯兰教禁止使用人物具象，但帕特农庙里的大理石雕塑还是被保存了下来。

真正毁掉帕特农神庙的既不是基督徒，也不是中

摆脱束缚

大卫——米开朗基罗的名作——摆脱了束缚它的"牢笼"。

在每块大理石当中，我都能清晰地看见一尊雕像，它仿佛站在我面前，形态毕现，姿态完美。我要做的只不过是将束缚这些美丽精灵的粗糙墙壁推翻，将我眼中所见的雕像展现在世人面前。

——米开朗基罗（1475—1564）

世纪狂热的伊斯兰教徒，而是 17 世纪的意大利人。1687 年，威尼斯军队围攻雅典，炮火如雨点一般纷纷飞向充当奥斯曼土耳其部队弹药库的帕特农神庙。一场巨大的爆炸将整座神庙撕裂开来，整个建筑和其中雕塑的碎片散落卫城一地。之后，威尼斯总督莫罗西尼（1619—1694）又试图洗劫西侧山墙处尚未损毁的一些雕塑，加剧了对帕特农神庙破坏。由于其绳索滑车突然断裂，这些雕塑不幸摔倒在地，化为碎片。

一个世纪之后，当额尔金伯爵抵达希腊时，雅典卫城废墟已是一片狼藉。由于收受可观的贿赂，土耳其当局把雕塑碎片卖给西方的游客。当地人也顺便占有其中墙壁和立柱回家建筑房屋，或是将其磨碎，制成灰泥。额尔金伯爵带走了剩下的大约一半帕特农神庙雕塑，包括一些檐带（柱石横梁与挑檐之间的雕带），许多排档间饰以及部分山墙。这些雕塑目前大都被保存于大英博物馆用于展出。两个世纪以来，可以说这些大理石雕塑正是由于在英国人手中，才得以免遭希腊独立战争（1821—1832）与后来各种战争的洗劫，并免受 19 世纪和 20 世纪的环境污染和不伦不类的修复尝试。不过，自 2009 年雅典新卫城博物馆开放之后，重新修复的理由就再也站不住脚了，因为这座博物馆是专为保护帕特农神庙残存雕塑而建，好让人们能够依照神庙的设计者——古希腊雕刻家菲狄亚斯的本来意愿欣赏这些雕塑。

迁移

伦敦大理石拱门曾经耸立在白金汉宫前。

珍珠母
Nakara

类型：有机矿物
来源：软体动物
化学式：$CaCO_3$

◎工业
◎文化
◎商业
◎科研

珍珠母
　　包括珍珠贝在内的许多壳类动物体内都能形成珍珠。

　　本章介绍的是自然的奇迹之一——珍珠母。珍珠母的主要成分是之前多个章节中都曾出现过的碳酸钙，不过那些形式的碳酸钙有着普通得多的外观和用途。作为装饰和珠宝用品，珍珠母有着悠久的历史。

古希腊旅行指南

　　约前 60 年，古希腊的一位无名商人为我们留下了古代最出色的地理描述之一——《厄立特里亚海航行记》。这部作品信息量丰富，但完全没有出现海蛇、美人鱼和独腿怪人，是一本写实风格的游记作品，描写了从非洲东岸、阿拉伯、波斯湾和印度到恒河三角洲（今印度西孟加拉邦和邻近的孟加拉国）的贸易路线、潮汐条件、气候、港口、特产、国家分布和风土人情，并简略提到了如何由陆路从近东地区经中亚抵达中国。书中对古典时代旧大陆上的贸易链条以及在分隔当时两个超级大国——罗马和中国的汉朝政权——之间的广阔大地上的一系列商贸活动进行了全面描写。在书中描写的产自非洲、波斯湾，尤其是印度南部的商品中，作者提到了最受人喜爱的天然宝石——珍珠。

　　牡蛎并不是唯一能够制造天然珍珠的贝壳类动物，其他海洋和淡水软体动物也可以。然而最受追捧的珍珠产自牡蛎属的珠母贝。珠母贝广泛分布于全世界各大洋，不过在古代，它只出产于波斯湾、红海、印度洋和中国南海。16 世纪，西班牙殖民者征服了中南美洲，并在此

命运多舛

查理一世被处决后，他的珍珠耳坠也不翼而飞。

戴珍珠耳坠的国王

在英国国王查理一世的御用画师——荷兰宫廷画家安东尼·范·戴克所创作的多幅查理一世画像中，我们都可以看到查理一世左耳上佩戴着一枚珍珠耳坠。查理一世发动针对议会的英国内战（1642—1651）并遭到惨败的历史广为人知。他是英格兰历史上第一位也是唯一一位受到审判并遭到处决的国王。我们无法确知他受刑时是否佩戴着这枚耳坠。不过他死后，耳坠也随之消失了——很有可能是被某个围观者所窃取，也可能是在他被处决前被某个支持者收藏了起来，还有可能是被某个充满正义感的共和支持者所毁。

定居。他们在加勒比海的古巴瓜岛和玛格丽塔岛周围海域发现了丰富的珍珠资源。尽管珍珠因其引人瞩目的天然光泽和色彩被当作珍贵的宝石镶嵌到圣物匣、圣坛、皇冠或者被人们当作珠宝佩戴在身上，但并不是所有的文化都将其视若珍宝。以日本为例，在古代，日本人没有佩戴珠宝的风俗。他们将珍珠镶嵌于漆器之中（见后文）。但在现代，日本是世界上最大的珍珠出产国。

珍珠的形成

人们普遍误认为沙砾只要进入打开的牡蛎体内就能形成珍珠。由于牡蛎时刻都在吞吐海水和养分，沙砾应该经常都会进入打开的牡蛎体内。若珍珠果真这么简单就能形成，世界上的珍珠应该如沙砾一般寻常才是。而实际上只有当外界的寄生虫等有机物质进入到牡蛎的外套膜中，或者是牡蛎的体内组织因掠食者的攻击而受到伤害时，才能真正触发珍珠的形成。牡蛎会在受伤部位或刺激物周围形成一个珍珠囊，并在珍珠囊上沉积出一层层显微镜才可见的霰石（一种碳酸钙物质），霰石中还混合着一种名为贝壳硬蛋白的化合物。最后，我们看到的并不是沉闷的石膏白，而是如彩虹般色彩绚烂的珍珠母。尽管项链上外形圆润的珍珠备受珍视，但是珍珠的外形十分丰富，有泪滴形、纽扣形、水泡形以及异形等。就色彩而言，产自太平

日式奢华

日本艺术品以其含蓄、优雅和庄重的风格闻名于世。然而，其风格并不是一直如此。昙花一现但却生机勃勃的安土桃山时代（1568—1600）被称为日本的"文艺复兴"。在这个时代，日本的装饰艺术家们将日本本土的技艺如日式螺钿（珍珠母镶嵌技术）跟欧式设计和图案结合在一起，为日本的封建统治阶级——大名，创造出了极为奢华的（虽然有人会说华而不实）南蛮漆器，并将其出口到欧洲。

从喀马利往南，这片地区一直延伸到采珠业（这项工作都是由犯人从事）所在的科尔奇，是潘狄亚王国的领地。穿过科尔奇继续往前行就到达了被称为海岸国的地方，其前方有个海湾，并有一片被称为阿甘鲁的内陆地区。周边捕捞的珍珠汇集到这里。

——《厄立特里亚海航行记》（约前 60）

洋的黑色珍珠最为珍稀。当然，珍珠也有淡黄色、黄色、粉色、金色、绿色以及蓝色。

珍珠不同于琥珀和珊瑚，通常没有假冒的。但在 19 世纪，英国海洋生物学家威廉·萨维尔肯特（1845—1908）发现可以借助人工刺激牡蛎生产珍珠。这一发现极大地改变了珍珠生产。在此之前，珍珠采集的过程非常辛苦，要手工或借助拖网从海床上采集牡蛎，然后再一个个打开，查看其体内是否有珍珠。由于珍珠极为罕有，这种采珠方式不仅十分浪费（珍珠贝并不可口，不适于食用），而且在某些地区还因为过度采集导致珍珠贝几近灭绝。不过真正从这一发现中获益的并不是萨维尔肯特，而是日本人。他们取得了技术专利，进而基本主宰了 20 世纪的人工珍珠养殖业。

人工珍珠有多种生产方法。最接近天然珍珠的形成过程的生产方法要求将供体组织植入牡蛎体内，进而刺激珍珠囊的形成。不过这种方法形成的珍珠所耗时间与天然珍珠一样漫长。还有一种更为快捷的方法就是在牡蛎体内植入珠子，只需大约六个月其表面就会附上一层珍珠质，形成外形极为圆润的珍珠。X 光可以检测出人工珍珠内是否含有内核。虽然除了外形异常规则之外，肉眼无法分辨人工珍珠与天然珍珠，但是人工珍珠的价值要低得多，因而也降低了珍珠对人们的吸引力。

两大名珠

世界上最著名且最昂贵的两颗珍珠——拉帕雷格林纳珠和拉帕莱格林娜珠（在西班牙语中都指朝圣者）不仅有着几近相同的名字，而且都有着不凡的历史，跟欧洲几大家族起起伏伏的命运紧密交织在一起。16 世纪初，人们在加勒比海发现了拉帕雷格林纳珠，并将其进献给了西班牙国王腓力二世（1527—1598）。后者随后将其赠送给英国女王玛丽一世（1516—1558）。玛丽一世信奉天主教，曾试图推翻新教，将英国带回天主教阵营，却未能成功。玛丽女王死后，拉帕雷格林纳珠被

真假难辨

天然珍珠和养殖珍珠非常相似，难以区分。

送回了西班牙，但在拿破仑战争（1803—1815）期间被法国人窃取。后来法国皇帝拿破仑三世（1808—1873）被废黜流放英属圣赫勒拿岛，他将这颗珍珠卖给了一名英国贵族。20世纪60年代，这颗珍珠被这名贵族拿到英国伦

朝圣者 I

这颗明珠先后归英国女王玛丽一世和女星伊丽莎白·泰勒所拥有。

敦苏富比拍卖行拍卖，并被演员理查德·伯顿（1925—1984）购得，当作礼物送给了伊丽莎白·泰勒（1932—2011）。泰勒曾在采访中承认这颗硕大的珍珠曾经从项链上脱落过，差点让自己的一条宠物狗吞了下去——这可真算得上是有史以来最贵的磨牙玩具了。

另一颗珍珠——拉帕莱格林娜珠的命运更为多舛，曾经历两次大革命。拉帕莱格林娜珠16世纪中叶出产自委内瑞拉北海岸附近的玛格丽塔岛。跟拉帕雷格林纳珠一样，拉帕莱格林娜珠也为一位西班牙国王——腓力四世所拥有。腓力四世在女儿玛丽亚·特蕾莎公主（1638—1683）出嫁法国国王路易十四（1638—1715）时送给了她。路易十六（1754—1793）殒命断头台后，拉帕莱格林娜珠也随之消失。后来，它落到了沙俄贵族尤苏波夫家族手中。1917年俄国革命后，费利克斯·尤苏波夫亲王（1887—1967）逃亡法国。20世纪50年代，他被迫在法国卖掉拉帕莱格林娜珠以筹集资金。

朝圣者 II

这颗珍珠经历了法国大革命以及俄国革命的战火，并幸存了下来。

泡碱

Natrium

类型： 析水型矿物
来源： 干涸湖床中的天然盐化物
化学式： $Na_2CO_3 \cdot 10H_2O$，$NaHCO_3$ 和 Na

◎工业
◎文化
◎商业
◎科研

脱水内脏
　　火碱被用来保存卡诺匹斯罐中的木乃伊内脏。

泡碱是一种天然盐化物，在工业和家庭中用途广泛。不过在古代，它主要被古埃及人用来制造木乃伊。得益于其抗菌特性，泡碱能够中断肌体自然腐败的过程，令木乃伊流传千年，让我们能窥见古人的相貌、生活和死亡。

木乃伊的诅咒

　　在好莱坞式"木乃伊的诅咒"中，那些胆敢闯入法老陵墓的人都有着十分悲惨的下场。恼怒的木乃伊会死而复生，报复那些亵渎自己的人，令他们惨死于自己手中。然而令人遗憾的是，在现实当中，真正的诅咒却是落在木乃伊自己身上。远古以来，古埃及的宗教迷信就和皇权以及严酷的刑罚高度结合在一起。有人或许会认为这会阻止人们对皇室坟墓的盗掘。而事实上，任何对刑罚和报应的恐惧都挡不住唾手可得的财宝对人们的诱惑。大部分古埃及皇陵都被人洗劫一空，有的甚至在葬礼结束后几天之内就被盗墓贼挖开。令人遗憾的是，木乃伊常常是盗墓贼的首要目标。这是因为它们满身佩戴着黄金珠宝和项链。

　　曾经鲜为人知的古埃及新王国时期第18王朝法老图坦卡蒙（约前1341—前1323）之所以广为现代人所知，是因为他的坟墓是有史以来保存最为完好的古埃及皇陵。据估算2010年时其价值大约相当于5000万美元（依2010年物价水平）。考古学家认为，图坦卡蒙的陵墓早在古代就已经被盗掘过了，盗墓贼掠走了墓中宝藏室大约三分之二的财宝，但未能接触到图坦卡蒙位于镀金木龛和石棺的木乃伊。只要有可能，皇族的木乃伊遭受劫掠后都会被修补好，重新下葬到一处不如原来宏伟，但更为隐蔽的墓地。在那里，他们不再拥有无数的陪葬品，并将继续自己的长眠，直到考古学家的到来。

　　最幸运的木乃伊要么长眠于地下，不受打扰，要么被置于伦敦、巴黎、柏林或者纽约的博物馆供人观瞻，也有不幸者则被磨碎制成画家手中的颜料，还有时被当做展品拿到名目繁多的简陋市场上展示。拉美西斯一世（约前 1295—前 1294 在位）是第 19 王朝的一位少有人知的法老。19 世纪中叶，他的木乃伊被人从墓中挖了出来，落到了加拿大安大略省尼加拉瓜瀑布博物馆手中。这所博物馆还展览动物填充标本、原住民手工艺品、木乃伊以及其他"大自然的怪胎"。1999 年，这件藏品被卖给了美国乔治亚州亚特兰大市的艾莫利大学。在这里，拉美西斯一世法老终于在自己穿越大西洋 130 多年以后被验明正身。2003 年，在全套军礼的恭送下，拉美西斯一世的木乃伊被送回了埃及卢克索。

木乃伊明星

图坦卡蒙仍然是世界上最著名的木乃伊之一。

木乃伊的制造

　　木乃伊在欧洲、亚洲和美洲都曾出土过。极端干燥的气候、沼泽以及高海拔的冰冻条件造就了他们。干燥的沙漠黄沙造就了埃及的早期木乃伊，比如被人们戏称为"红发人"的男性木乃伊。"红发人"是前王朝时期的一名男性，生活在距今大约 5400 年前，是伦敦大英博物馆的一件展品。然而在距今 4600 年左右，埃及人开始采用一种极为复杂的方式，借助香料处理法老及王后的尸体，保证他们可以一直保存到现在。尽管后世的宗教认为没有必要对尸身进行保存，但这对古埃及人来说却是至关重要的。他们相信，没了身体，逝者便无法拥有来世。他们还相信人类的身体中有包括"阿赫"和"巴"等在内的多个"灵魂"。这些灵魂须得留在体内，

红发人

木乃伊制作方法出现之前，大自然有时会把葬于沙地的尸体变成木乃伊。

死神

　　死神阿努比斯长着一颗胡狼头。

（尸体内）填满捣碎的没药、肉桂以及除了乳香之外所有香料后，便被缝合起来埋入天然碱中放上几天，放置的日子绝不能延长。然后，防腐师将尸体清洗干净，从头到脚用内侧涂有树胶的细麻布包裹起来。
　　　　——希罗多德（约前484—前425）对木乃伊制作的记述

并接受食物、用具和仆人的供养，以便来世享用。

　　木乃伊制作有着悠久的历史，其制作过程也有很大的变化。前5世纪，木乃伊的制作历史已相对进入后期，根据古希腊历史学家希罗多德的记载（见左侧引文），依据逝者的地位和所需成本，木乃伊制作共分三个等级——经济级、豪华级和帝王级。保存最好的木乃伊均出自新王国时期（前16世纪到前11世纪），这其中就包括图坦卡蒙和拉美西斯二世的木乃伊（见后文）。若逝者是一名皇族，制作木乃伊的过程再加上葬礼要耗费好几个月的时间。如果再算上建造以及装饰陵墓的时间，这甚至要好几年。法老死后，其尸体会被托付给进行防腐处理的祭司。这些祭司不仅掌握着防腐处理的技术，而且懂得相关的宗教仪式。这二者可以保证死者的身体和灵魂能够进入来世。

　　古埃及的尸体防腐师发展出了一种极为有效的保存死者尸体的方法。恕我不恭，这种方法实在跟腌渍蔬菜和肉类相似。

根据希罗多德的描述，制造一具木乃伊要耗费 70 天的时间。祭司们的第一项工作就是取出尸体中柔软的组织和器官。这些东西有可能导致尸体迅速腐败，特别是在埃及干燥的气候下情况更是如此。木乃伊的制作目标是尽可能保存尸体外貌，因此取出其内部器官组织时要尤其小心，才不会损坏尸体的皮肤和肌肉组织。古埃及人并不知道大脑才是人类的意识所在，有时他们将金属钩子从鼻孔插入大脑，以取出脑浆，有时则不处理大脑。尸体的眼珠也会被摘除抛弃。

关键一步——心脏

尸体的腹部被用石刀从左侧切开，以取出内脏。在汉白玉一章我们提到，古埃及人认为人的胃、肺、肝和肠子很重要。他们把这些器官取出来放到泡碱盐中脱水，再用绷带包裹起来，统一存放到一个卡诺匹斯盒或是四个卡诺匹斯罐中，随木乃伊一同下葬。心脏是死者腹腔中唯一留下的器官，被认为是人的意识及品性所在，死后会受到审判。

埃及人相信，当死者抵达阴间"杜亚特"，他也就抵达了最终的审判地。在这里，智慧之神托特将用天平称量死者的心脏以及秩序女神（或曰真理）的羽毛。根据埃及人的观念，人如果生前行善，就能在阴间之神欧西里斯的冥府里获得永生，而如果审判不利于他，就会有怪兽吞下他的心脏，再次夺去他的生命，令他彻底不能复生。精致的"圣甲虫护身符"被放在心脏上面，保证取得最有利的审判结果。名为《亡灵书》的咒语写于棺材内壁和墓室墙壁上，引导死者安全度过通往阴间道

法老：受感染
姓名：拉美西斯二世
职业：国王，已逝。

最后的审判

　　在最后的审判中，托特神的天平一端放着逝者的心脏，另一端则放着真理的羽毛。

路上的千难万险。

　　清除体内所有的软组织后，就可以对尸体进行第二步处理了。最简单的方法就是使用干燥泡碱覆盖于尸体内外。这能使身体组织脱水，同时会杀死其中的寄生虫和细菌。经过一定的时间后，把泡碱清除。为了使尸体更加栩栩如生，防腐师使用亚麻布、锯屑或者稻草填充尸体面部或身体上的凹陷部位。在这个阶段，尸体眼窝中被装入假眼。另外一种方法比较复杂，被认为曾用在那些保存最好的皇室木乃伊身上。防腐师将尸体的腹腔填充并缝合起来，然后把死者放入含有泡碱盐化物的溶液中浸泡。泡碱溶液可以中断尸体的腐败进程，杀死寄生虫和细菌，而且比起干泡碱，它能更好地保存死者的外貌。此时，就可以对尸体进行第三步也是最后一步木乃伊处理了。

长眠

　　防腐师用好几百码长的亚麻绷带将尸体包裹起来。他们会仔细地将每根手指和脚趾分别包裹好，然后再在外面整个包上一层亚麻布。绷带内放着圣甲虫护身符和生命十字符。亚麻绷带上也写着咒语和祈祷词，保佑逝者的灵魂能安全抵达阴间，尸体能在墓中保存完好。绷带被多次施以松香，变得很坚硬。整个尸身被大量绷带包裹，使得木乃伊看起来像是装在亚麻绷带制成的茧中。然后，在死者面部放上面罩。死者若是皇族，其面罩会使用十分稀有的材料来制作，比如图坦卡蒙的面罩就是青金石制成的。但到了古希腊和古罗马时代，普通人在被制成木乃伊时，都是把遗像绘于纸莎草纸和木头做成的面罩上。这种面罩制作简单，但更加逼真。

这样，不管来世是什么样子，逝者都准备好了。对很多埃及木乃伊来说，来世的生活都相当丰富多彩。从文艺复兴时代开始，欧洲收藏家纷纷收集木乃伊放进自己的珍奇百宝屋中，炼金术士跟魔法师也把木乃伊磨成粉末加进自己的药水里。到了 19 世纪和 20 世纪，发达国家博物馆向公众展出了几百具木乃伊，向大众展示古文明的怪异，昭示自身文明的先进。21 世纪，考古学家通过最新的电脑成像技术发掘并研究这些木乃伊的健康、牙齿和骨骼状态，并提取出 DNA 研究他们的血统。

借助泡碱，古埃及木乃伊实现了其他大部分人所没有的某种形式的不朽。后者的遗体只能腐败，并被微生物分解。古埃及人是唯一成功把千年前有血有肉的个体保存到今天的人，而更重要的是，他们热爱生命，希冀生命的永恒。

栩栩如生

制成木乃伊后，逝者被放入雕刻精美的石棺，或者混合纸浆做成的专用匣子中。

黑曜石
Obsidianus

类型：火山玻璃
来源：火山作用
化学式：含 MgO 和 Fe_3O_4
的 SiO_2

◎工业
◎文化
◎商业
◎科研

考古学家认为，黑色的火山玻璃黑曜石是第一种现代意义上的商业贸易商品。在欧亚大陆被金属制品取代之前，黑曜石作为实用物品的历史有好几千年。而在 16 世纪西班牙人征服美洲大陆之前，黑曜石一直是当地人制造工具和武器的原料。

终极祭品

大部分人之所以对哥伦布发现新大陆之前的中美洲民族，尤其是阿兹特克人（更准确地说是墨西卡人）有所了解，都是因为听说这些民族的宗教以活人献祭为核心。墨西卡帝国所在地包括了今天墨西哥的大部分，其首都位于特斯科科湖中部的特诺奇蒂特兰（今墨西哥城）。西班牙殖民者曾以这里的人祭作为自己入侵征服该地区，毁灭美洲土著人文明的理由之一。尽管规模要小得多，但是得承认早期凯尔特人以及作为文明先驱的古希腊、古罗马人也是有人祭的，可西班牙殖民者显然选择了故意遗忘这一点。许多历史学家指出，西班牙殖民者对墨西卡人祭的许多记录也许不仅带有偏见，而且还有夸大成分。他们扭曲了墨西卡人的宗教仪式，以适应其政治和意识形态需要。因此，墨西卡人祭的确切形式和人数仍存争议。

对现代人来说，除了同类相食——这在哥伦布发现新大陆之前的中美洲常常跟人祭联系在一起——没有什么能比活人献祭更令人恐惧和痛恨了。我们坚定认为人类个体，尤其是当这个个体独立存在时，具有不容置疑的神圣性和价值。这就意味着在我们眼中，被作为人祭的受害者会尖叫踢打着被拖向神庙金字塔顶端浸满鲜血的祭坛，然后跳动的心脏被活活挖出。可是古代中美洲人的世界观与我们是截然不同的。虽然下面要说的有些过度简化，但从某种意义上来说，古代中美洲宗教跟犹太教和基督教是完全相反的。在基督教中，耶稣基督作为上帝的肉身为了拯救

天然玻璃
黑曜石可以用来制造刀具和箭头。

人类，遭受了各种折磨，被钉上了十字架，最后还被长枪所刺。
换句话说，神自己变成了人祭的对象，好让人类获得（永恒的）
生命。但在阿兹特克人的宗教里，人和神的角色发生了互换。
为了能维护众神和世界，人类必得奉献出自己的鲜血和生命。

盐湖之城
　殖民者眼中阿兹特克
首都的景象。

死得其所

　　在古代中美洲，不管是个人的鲜血，还是人祭的鲜血、心
脏以及生命，这些祭品都是宗教信仰和宗教活动的核心。在古
代墨西卡以及墨西卡时代以前的古典玛雅时代，平民和贵族都
会献出自己的鲜血作为私人祭品供奉神明，救赎罪过，体验超
自然的景象（见下文）。在做祭品的活人中，虽然有的是专门
从外面抓来献给神明的战俘，但大部分都是自愿献身的墨西卡
人（或者是被父母专门献祭出来的儿童）。对墨西卡的男人来说，
在战场上献身是最高尚的，而对女人则是死于难产。这能让他
们立刻升上自己的天堂。

　　而最末流的便是死在家里的床上，会令死者在阴间遭遇无
数凶险。实际上成为神明的祭品，被认为是死得其所，将为来

世带来好报。那些不愿当祭品的受害者若是显露出恐惧、哭喊或失禁，会被认为不适于充当祭品。他们会在遭到戏弄后被杀死，但并不会成为祭品。所以说那些被专门抓来当祭品的战俘肯定在某种程度上已经接受了自己的命运，知道自己是维护人与神和谐秩序的纽带，他们的死法来世也必会得到好报。因而，他们是坦然接受当祭品的使命的。

在墨西卡文化中，战争和祭品紧密相连，而连接这二者的就是黑曜石。黑曜石是火山喷发的副产品，在墨西卡的纳瓦特尔语中被称为伊斯特里。世界上只要有活火山的地方就能发现这种或黑或棕的矿物。在石器时代，黑曜石是制造生产工具、武器、装饰物、珠宝以及镜子的重要原料。考古学家认为它是真正意义上的第一种贸易商品。黑曜石跟燧石相似，可以通过去除多余石层进行造型。而且由于它是天然玻璃，可以打磨出极为锋利的边缘。不过，黑曜石也很容易变钝，而且在击打硬度高过它的材料时会碎裂。

花之战

墨西卡众神的万神殿高大雄伟，供奉着诸多神明，包括太阳神维特兹洛波奇特利、冒烟之镜的主人混沌神特兹卡特里波卡、羽蛇神魁扎尔科亚特尔以及雨神特拉洛克。不同的神明要求使用不同的人祭和献祭仪式。最著名的方法就是，祭司将人祭平放在圆形祭坛上，用燧石或黑曜石匕首剖开他的肚子，取出心脏，并将心脏放入神明面前的石制容器中。其他献祭仪式包括将人祭烧死、活埋、活剥或者在假意决战中杀死。每个神要求的人祭也不一样。比如雨神特拉洛克要用小孩，混沌神特兹卡特里波卡则要自愿献祭的墨西卡青年。直到被杀死，这青年都要装扮成混沌神的样子，旁人待他也如同活神一般。

15世纪，墨西卡帝国变得越来越强大，吞并了墨西哥中部和沿海大部分地区。然而墨西哥谷包括特拉斯卡拉在内的几个

通灵

除了人祭，古代中美洲的居民还以放血的形式作供奉。他们相信自己的鲜血能滋养众神，让自己通灵。在古典玛雅的亚齐连遗址（位于今墨西哥恰帕斯州），一处浅浮雕上记录了发生在709年的一个事件。浮雕中，统治者的妻子——左克夫人拉着镶有黑曜石刀片的绳子穿过自己的舌头，召唤已逝去的统治者现身。

（作为仪式祭品的）人通常是从专门为献祭而发动的战争中抓来的。每个黎明都会有一名服了佩奥特掌之类迷幻药或者至少是喝龙舌兰酒到半醉的俘虏被拖到特诺奇提特兰一座大神庙顶上……四名祭司将此人按在石头上，另一名祭司则用石头或是黑曜石匕首将他仍在跳动的心脏挖出来。

——《世界最血腥的历史》（2009），约瑟夫·卡明斯著

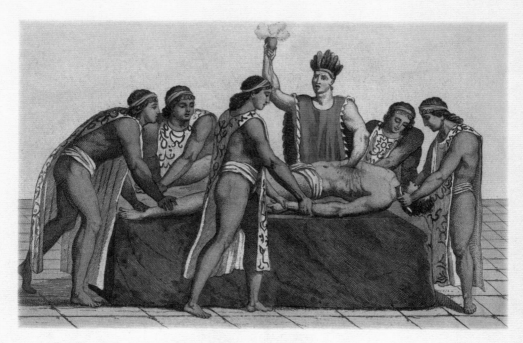

国家抵抗住了墨西卡帝国的入侵。有理论认为墨西卡帝国保留了特拉斯卡拉，这样他们就可以对特拉斯卡拉发动战争，抓来每年所需的众多人祭。不少学者提出，这种安排在所谓"花之战"中固定了下来。花之战的目的就是训练年轻武士，他们要抓住一名敌人才能成为真正的骑士，并为两国的众神提供祭祀用的人祭。

剖心

黑曜石匕首被用来剖出活人祭的心脏。

冷兵器入侵

1519 年，西班牙殖民者荷南·科尔蒂斯率领一支大约由 630 名士兵和水手组成的军队进入了人口以百万计的墨西卡帝国。科尔蒂斯带来了马匹、钢和火药武器，当时的美洲人从未见过这些，他们的武器水平还停留在石器时代。尽管如此，墨西卡帝国有着召集大批部队的能力，因此仅凭技术水平的差异是无法解释为何在短短三年时间之内，墨西卡帝国就遭到了彻底的毁灭。墨西卡战士尽管武器装备的杀伤力远远低于其西班牙敌手，但有长枪、弓箭、抛石器以及玛喀霍特战棍。玛喀霍特战棍跟狼牙棒类似，为木制，并镶有

墨西卡面具

在墨西哥城的国立人类学博物馆展出的黑曜石面具。

石器时代的战士

墨西卡战士要想成为一名真正的武士必须亲手抓住一名敌人。

吹毫断发

玛喀霍特战棍一击就能斩下人或马的首级。

黑曜石刀刃。根据西班牙人的记录，玛喀霍特战棍无坚不摧，一击就能斩断马首。

历史学家提出，机缘巧合之下，文化、政治、思想、生物学以及技术等众多因素综合导致了墨西卡帝国的溃败。从政治和社会角度来说，墨西卡帝国不同于罗马帝国，不是一个统一国家，而是由众多联盟国、封地和诸侯国组成的松散联邦。它就像是一座根基不稳的沙塔，其内部政治稳定仅凭一座脆弱的大厦来维系。科尔蒂斯抵达中美洲时，误打误撞之下进入了独撑这沙塔的政治大厦之中。在特拉斯卡拉，他找到了支持他的盟友以及墨西卡帝国未能打败的对手。这些势力为他提供部队增援和给养。从思想上来看，包括墨西卡帝国皇帝蒙特祖马二世（约 1466—1520）在内的社会精英都认为

他们的武器是抛石器、弓箭、标枪和飞镖……他们给这各式各样的武器装备上锋利的骨头或者黑曜石。人们已经意识到黑曜石这种坚硬的玻璃物质虽然很容易变钝，但可以如剃刀一般锋利……他们不用剑。相反，他们佩戴的是一种长约 3.5 英尺的需双手把持的东西。这是一种令人生畏的武器，上面每隔一段相同的距离都插着锋利的黑曜石。目击者曾向我们保证，他看到这武器一击就能砍倒马匹。

——《墨西哥征服史》（2004），威廉·H.普里斯科特、约翰·科克著

自己的世界即将灭绝，大势不可逆转。因此起初他们并没有组织统一的行动抵抗这些入侵者。

虽然不可否认墨西卡人的武器水平落后，但他们一开始只是想活捉这些敌人用来献祭，而不是将他们当场杀死。这大大束缚了他们的手脚。西班牙人在战场上采用了完全不同的战术，并且一开战就借助自己更为先进的武器和骑兵部队在最大程度上杀伤美洲土著。然而在征服末期，墨西卡人认识到了自己的失误。1520年6月30日被西班牙殖民者称为"忧伤之夜"。当天，他们被迫撤出墨西卡都城，并且在撤往特拉斯卡拉的途中遭到重创。

墨西卡人虽然成功将侵略者逐出了都城，但这不过是暂时的。科尔蒂斯带着更多由西班牙人和当地人组成的部队，装备了更多的弹药和钢制武器杀了回来。他们乘双桅帆船将位于海岛上的城市特诺奇提特兰团团围住。1521年，科尔蒂斯最后的进攻取得了胜利。其胜利归功于三点，一是欧洲的先进技术，使他能攻破对手的防线。二是当地友军的支援。第三就是外来细菌的影响。西班牙人给自己带来了一个比特拉斯卡拉援军、钢制武器、火药以及战马联合到一起都致命的盟友——天花。美洲土著对天花完全没有免疫力。据估计，整个城市大约有40%的人口被天花夺去了生命。这沉重打击了城市守军的实力和士气。在饥饿和武力的威胁下，躲过这场瘟疫的人也最终投降。随着都城的陷落，墨西卡帝国最后一个统治者瓜特穆斯（约1495—1525）也沦为阶下囚，石器时代最后的一个代表——墨西卡帝国——也随之消亡。

新石器时代的纽约

在新石器时代，恰塔霍裕克（位于今土耳其安纳托利亚地区）是一处重要的定居点。前约9500年到前7700年这将近两千年间一直有人居住。其重要地位得益于该地生产的黑曜石器物，包括工具、武器以及镜子。恰塔霍裕克的居民从附近的哈桑山上开采出黑曜石。在新石器时代，哈桑山还是座活火山。在恰塔霍裕克一间屋子里有一幅有关火山的图画，被认为是人类最早的风景画。从恰塔霍裕克卖出的黑曜石商品最远到达了死海以北的古城耶利哥（今巴勒斯坦境内约旦河西岸地区）。

最后的堡垒
特诺奇提特兰的沦陷意味着墨西卡帝国文明的末日。

赭石
Ochra

类型：含矿物氧化物的
黏土
来源：富铁矿物的氧化
物
化学式：Fe_2O_3

◎工业
◎**文化**
◎商业
◎科研

野牛图
位于法国南部山区的
拉斯科洞窟壁画用赭石等
天然颜料绘制而成。

回顾赭石使用的历史演进，我们再次来到了人类史前的一
个时期，此时的原始人用赭石给物品和人骨上色。他们可以被
称作是真正的人类吗？考古学家和人类学家仍在争论。

留下印记

这个原始人种出现在距今 230 万年前。有理论认为，生活
在距今 225 万到 5 万年前的原始人尚不能算是现代意义上的人
类。虽然他们能使用工具，互相协作地过着采猎式生活，而且
使用某种形式的粗陋语言相互交流，但现代的猩猩种群也有着
与此惊人相似的特征和能力，二者之间的差距并不大。

然后，在距今 8 万到 5 万年之间，情形发生了逆转——或
许是基因突变，又或许是奇妙的行为创新，甚至还有可能是因
为外星人造访地球（你对了，艾利希·冯·丹尼肯，一切都是
过眼云烟了）——突然之间，人类晚上住进了洞穴，围坐着火
堆喝起了汤羹，聊着白天狩猎猛犸象的情形——"你看见我了
没？我差点就把那个大家伙抓住了，可最后
让它给跑了！"而女人们则像不爱听男人没
完没了胡扯海吹时那样，各自做着自己喜欢
的事情。

大地色系
赭石为人类提供了第
一种颜料。

身体颜料

赭土仍然是一种应用广泛的身体和面部颜料。

小画家

进化到此时（或者更早），原始人突然具有了现代人的行为。他们开始制造更加复杂的工具和物品。艺术、文化和宗教这些代表他们先进的符号系统和推理能力也发掘出来。在世界各地的这些文明进步中，赭石在其中扮演着至关重要的角色。赭石的色调有很多，但大部分都是属于组成旧石器时代"大地之母"色系的黄、红、棕等。我们的祖先用它们来装饰自己的身体，为故人的骨头上色，创作非凡的野生动物绘画，在法国和西班牙山洞深处发现的猛犸、野牛、狮子还有鹿的壁画就是很好的例子。

洞穴壁画有可能是石器时代原始人在服食了有迷幻作用的食物的情况下创作出来的，它们曾被认为是萨满教巫医和猎人所作，好施行秘密的魔法仪式。现在，人们对洞穴画又有了全新的诠释。对洞穴深处岩壁上的许多手指痕——手指在柔软表面上留下的线条和标记——的分析表明，这些画槽是年龄不过5岁的儿童所作。不管我们的祖先当时进入这幽深洞穴的目的是什么，也许，这地方并不像我们之前所想的那么令人恐惧和隐秘。或许在某个阴冷下午，原始人全家在洞口百无聊赖，便集体深入，到此一游。

留下最多指痕的小孩儿大约5岁，而且我们几乎可以肯定是个小姑娘。四个小孩儿中，至少有两个是女孩儿。其中一处洞穴的小孩儿留下了非常多的指痕，说明这个洞穴应该很特殊，但并不知道它是玩耍的地方还是用来举行仪式的场所。

——剑桥考古学家杰西卡·库尼谈法国鲁菲尼亚克旧石器时代洞穴艺术

艺术？

在南非开普敦省的布隆伯斯洞，考古学家发现了人类最早的艺术创作。这些作品出现在距今8万年到7.5万年前，将人类现代行为的出现时间向前推进了2.5万年到3万年。洞中发现了两块红色赭石，石上刻有纵横交错的几何线条，就像你我开会感到极端无聊时随手画下的铅笔或圆珠笔涂鸦。除了石制和骨制工具以及贝壳项链之外，这些赭石块会是重要的艺术品或圣物吗？又或者，它们只是我们的祖先闲来无事随手画出的小玩意儿？

石油
Petroleum

类型：碳氢化合物
来源：有机物化石
化学式：C_nH_{2n+2}
（饱和烃类通式）

◎**工业**
◎**文化**
◎**商业**
◎**科研**

黑金
　　廉价的石油助推了20世纪汽车消费式的生活方式。

在铝一章中，笔者提到铝制品广泛存在于我们的生活和工作之中，建议用"铝时代"指代二战后期到今天的历史阶段。本章我们提到的另外一种矿物同样能轻松定义我们过去60多年的工业消费社会。石油是驱动我们的汽车文化的首要燃料，也是我们制造塑料跟合成纤维的原料，更是第二次工业革命的催化剂。没有石油，我们的文明不可能如今天般灿烂多姿，物质生活也不会如此惬意和富饶。然而，我们或者我们的后代将为此付出怎样的代价，却仍待静观。

徒劳无功

石油大佬的思维方式想必是异于常人的。对于石油的技术价值和石油行业存在的正当性，他们有着强烈的不容置疑的信念，就像伊斯兰教、犹太教和基督教中的宗教极端分子一样，坚信自己毫无错误（并且这一点在最终的审判日来临时亦将得到证明），除非要丢掉性命，否则没什么能改变他们的看法。然而40年来，即便是最信心爆棚的石油商人，想必也曾有过动摇的瞬间。

1973年以来，石油危机导致的金融地震极大地动摇了世界经济。尽管近东地区政治局势持续动荡，但发达国家却依然强烈依赖着那里的石油资源。石油战争也已持续了20多年，令美国及其盟友深陷泥沼，难以自拔。发生于2010年的墨西哥湾漏油事件更是一个世纪以来最严重的石油泄漏事故。

越来越多的证据证明，使用石化燃料会人为地对气候造成恶劣影响。目睹这一切，你也许会认为石油产业会开始承认，在技术经过不断改进和严谨规则的条件下，从长远角度来看，自己也该退出了！

然而在"泰坦尼克"号沉没前，某个侍者可能会这么问头等舱的乘客："先生，您是想在左舷，还是在右舷的甲板上坐坐呢？这个季节，冰山的景色尤

其壮观。"就像是这个侍者一样，石油商人似乎更担心怎么把"地球"号这条大船上的"躺椅"摆整齐这种无足轻重的小事，而不是如何排除积水，堵上漏洞。但是以人类现在的空间技术水平，如果我们毁了地球这个家园，是没有能力造一艘方舟飞到太空去找个新家的。

再进一步说，根据多年以来对冰芯、古花粉以及气象气球数据持续而又枯燥的研究分析，我们不仅是在全速驾船撞向冰山，而且已经触礁。海平面以下，巨轮已然遍体鳞伤，海水在汹涌而入。尽管船员们——政府、科研机构以及企业精英——已然目光热切地望向了船上有限的救生艇，乘客们——也就是我们普通人——却还对此一无所知，或者对巨轮即将倾覆的命运故意视而不见。当然，也会有知识渊博的读者会指出，"泰坦尼克"号还是有幸存者的。可"泰坦尼克"号上的 2223 人当中，只有 706 人活了下来。如果我们用同样的比例（为什么不呢？虽然现实可能会更惨烈）来计算气候变化将会给人类带来的变化，那么将有大约 20 亿人口能活下来。这相当于人类总人口的三分之一，他们将能够幸运地登上救生艇，或者

隐患重重

随着石油开采难度的加大，生产事故频频发生。

起点低

美国早期石油产量仅有几千桶而已。

无孔不入

　　石油企业政府游说团体对政府实行了无孔不入的影响，巩固了汽油及汽车工业的垄断地位。

在残骸中等来救援。石油商人还会那么肯定他们还有他们的后代将会是这其中的幸运儿之一吗？

　　令人悲观的是，由于盲目的基于心理和思想原因的私心作祟，石油工业以及众多依赖于此的经济、工业和政治精英对此选择了视而不见。又或者，他们的心理跟法国国王路易十五（1710—1774）的情人蓬帕杜尔夫人一样。她曾鼓动路易十五作出了一系列灾难性的军事经济决策，令法国元气大伤（并导致 20 年后法国君主制被推翻）。一次，在一番煽动之后，她对路易十五说："我们死后，还管它什么洪水滔天！"（"Au reste, après nous, le Déluge。"）

石油地位崛起的可逆转性

　　1941 年，德国剧作家贝尔托·布莱希特（1898—1956）创作了戏剧《阿图罗的崛起》，讽刺了阿道夫·希特勒（1889—1945）跟德国纳粹主义在 20 世纪 30 年代的崛起本是可以避免的。同样的，我们也可以写一本相似的小说，证明过去一个半

　　如果全世界继续以矿物燃料为首要工业能源的来源，那么我们可以预计煤炭产量将在 200 年内达到顶峰。以当前全球石油和天然气储量计算，预计全世界石油天然气产品的产量峰值将在半个世纪内出现，而在未来几十年内，美国境内和得克萨斯州的产量将达到顶峰。
　　——《核能与矿物燃料》（1956），金·休伯特（1903—1989）著

多世纪以来,石油及相关技术的大行其道其实也是可以避免的。石油、柴油、汽油以及内燃机都可以看作是西方文明外在表现,而且就像自由民主、天赋人权还有妈妈亲手做的苹果派一样,它们是西方文明赖以存在的基础,构成了一个经济和工业的综合体。就在本书英文版面世的 2012 年,这个综合体迎来了它的 160 岁生日。

历史上许多国家都曾使用过石油。在古代中国,人们用石油照明、供暖、烧沸海水提取食盐。居住在今天伊拉克地区的古代美索不达米亚人利用当地丰富的石油、柏油和沥青资源对自己的房屋进行防水处理,而古波斯人和古罗马人则用石油作油灯燃料。后来,在罗马和拜占庭时代出现了武器"希腊火",它威力强大,可以与我们今天的凝固汽油弹相媲美。正是这种武器保卫了西方基督教文明免受野蛮人的入侵和伊斯兰征服者的侵略。而石油极有可能是其中的一种重要成分。

1852 年,波兰化学家伊格纳西·卢卡西维茨（1822—1882）首次成功利用石油精炼出了煤油,促使波兰东南部地区在 1853 年出现了世界上第一处"石油矿"。一年之后,耶鲁大学教授本杰明·西利曼（1779—1864）成功发明了石油分馏法。石油最初是被当做照明燃料。这是因为当时的主流动力技术是燃煤蒸汽机。美国的第一口油井位于宾夕法尼亚州石油溪,在它开采的第一年,每天的产量只有区区 25 桶而已。

在人类的历史上,地球又一次走到了决定其经济、矿产以及技术发展的叉路口:要么学童话中的小红帽一般走向森林,然后找到神秘的"碳

古代的灯光
　古罗马人用石油照明。

> 　　一个波士顿的工程师生产出了一种名为"汽油"的新型动力原料。其工作方式不是在锅炉下方燃烧燃料，而是在引擎内部气缸内爆炸。这样的危险性显而易见。在以追求利润为主的人手中，汽油商店会形成最大的火灾和爆炸物危险源。汽油驱动的马车速度可达 14 英里甚至 20 英里每小时。当此类车辆从我们的街道和道路上呼啸而过，污染环境时，即使它有着一定的军事和经济意义，我们也应该立即采取法律措施。
>
> 　　　　　　　　　　　　　　　　　　——1875 年美国国会议事录

氢化合物的乐土"。要么就是走向另一边的"替代能源王国"，形成与前者大相径庭的地理政治以及生态形势。当然，人类选择了石油。

　　其结果就是，人类现在手拿木桨——地球上包括深水油田以及沥青砂在内的已探明及推测石油储量——被困在了小溪中。而这木桨的形状、大小和用处如何却一直让规划人员、经济学家以及石油工业分析师挠头到深夜而不得解。尽管如此，在石油产业繁荣发展的头几十年，美国的石油产量从 19 世纪中叶的几千桶猛增到 20 世纪初的上亿桶，并且在提炼之后，全部都拿来"供养"人类用钢铁造出的新技术神器——内燃机。

自动手推车
　　1870 年，世界上第一辆"自动车"问世。

动力强劲

　　自 20 世纪 30 年代起，内燃机这头技术及工业巨兽一直在推动着世界的经济发展。从不同的出发点进行审视，人们对这巨兽所带来的文化变革有毁有誉。福特公司创始人亨利·福特（1863—1947）的忠实信徒觉得它带来了一片人间天堂。福特公司生产出了世界上第一款大众市场的畅销车——福特 T 型车。而更注重地球长远境况以及人类生存的人，则觉得这可能是我们的先辈最失败的决定。

　　在人类文明的早期阶段，技术选择相当简单直接：选用黑曜石斧头还是燧石斧头。但是随着技术变得愈来愈复杂，抉择也变得困难起

来。我们的选项变成了家用录像系统 VHS 和 Betamax 盒式录像机系统，或者是更简单的内燃机和外燃机，以及汽油、电能和生物燃料。在一个平行宇宙中，要是有几个不同的发现和投资选项，那么我们上班的时候，开的不是现在的内燃发动机式汽车，而是某种特别先进的外燃机式，或者以电池酒精为动力的交通工具，也是不奇怪的。

内燃机技术最早出现在意大利的托斯卡纳。有一天，天主教神父兼教育家欧亨尼奥·巴桑蒂（1821—1864）突然萌生了一个念头，想要在密封空间内燃烧氢气和空气从而驱动一个简单的引擎。1851 年，他遇见了工程师费利切·马泰乌奇（1808—1887），二人一起展开了对内燃机的设计，并最终于 1854 年在伦敦取得了史上第一项内燃机专利。我们现在用的之所以不是意大利产的巴桑蒂式或者马泰乌奇式内燃机，从一定程度上来说是因为这二人并没有彻底明白自己产品的意义；但更主要的是因为他们的引擎功率太小，不适用于大型蒸汽船。1870 年奥地利发明家西格弗里德·马库斯发明了世界上第一台使用汽油内燃机驱动的汽车。得承认，这辆车看起来并不怎么像样，不过是手推车上放了台立式内燃机，一点没有内燃机或是外燃机的样子。尽管如此，它仍然体现了汽车的原理。20 年后，奔驰汽车创始人本茨先生（1844—1929）和戴姆勒先生（1844—1929）开始在德国生产汽车。

早在当时，汽油内燃机就需要跟电力和蒸汽动力汽车进行

石油战争

　　自20世纪90年代起，西方国家就深陷石油战争的泥潭。

汽车上的美国

　　每天，美国都要消耗超过1900万桶石油，其中大部分都用于交通运输。

竞争，并且由于早期内燃机也可以用乙醇这种最早的生物燃料驱动，所以也面临着不同燃油技术的选择。

　　但是，在以福特汽车为首的汽车工业以及影响力日炽的石油工业游说团体的合力下，内燃机和石油克服了所有困难，一直主导市场到今天。21世纪初，尽管核能和再生性能源发展迅速，石油仍然占欧洲能源消耗的30%、北美的40%、非洲的41%、中南美洲的44%以及近东地区的53%。2010年，美国原油日产量高达约1914.8桶，其中51%用于出口，72%为运输业所消耗。美国的数据代表了大部分发达国家的情况。而且尽管单从数量上来看远远落后于美国，但是中国、巴西和印度正在迎头赶上。

载着戴茜小姐的车掉下奥度瓦伊悬崖

　　在系统工程师理查德·邓肯的奥度瓦伊理论中，他以哈伯特曲线广义分析人类的所有资源，认为我们将掉落奥度瓦伊悬崖。奥度瓦伊峡谷是著名的孕育人类生命的摇篮——东非大裂谷的一部分。作为人类征服地球的起点，奥度瓦伊代表可能终

结工业文明的经济技术崩溃的终点是非常恰当的。奥度瓦伊理论认为，许多不可再生能源的生产在 1979 年达到了顶峰，并在之后到 1999 年的 20 年缓慢但稳定下降，人类以透支时间、金钱、商品和能源为生。在 21 世纪的头十年，我们迎来了一段加速的衰退和经济动荡时期。这积累了足够的势能，使我们在 2012 年到达奥度瓦伊悬崖边缘（笔者最好在这之前能兑现出版社的支票），并将在 2030 年左右，严重衰退至石器时代。

　　人类的技术、科学及工业时代诞生于 18 世纪末英国工业革命的星星之火当中。而如果邓肯的预测是正确的，这个时代的持续时间将不过 3 个世纪（其中从 1930 年到 2030 年，消费社会才持续短短一个世纪而已）。相比之前长约 2000 年的青铜时代和 260 万年的石器时代，这是一个相当短命的时代。若你是在 2030 年家中的篝火旁读到了本书，请记住，可以用贝壳、珠子和食品支付本书的版税。

石油资源枯竭

　　哈伯特曲线预计石油资源将在 2200 年枯竭。

哈伯特曲线

　　哈伯特曲线绘制了全球油田的未来产量，但也可以应用于地球上任何不可再生的自然资源。早在环境保护主义尚未如今天般备受关注的 20 世纪 50 年代，金·哈伯特（1903—1989）就提出了该曲线。哈伯特言辞温和，转行当学者之前曾为石油公司和美国地质调查局工作。他并不是什么保守的环保战士，相反，他潜心研究相关生产数据，对剩余石油储量进行了最大程度的预估，预测全球的石油资源将在 2200 年左右枯竭。

磷
Phosphorus

类型：化学元素
来源：磷矿
化学式：P

◎工业
◎文化
◎商业
◎**科研**

白磷有毒
　　白磷含有毒性，但成本远比红磷低廉。

火灾源
　　摩擦火柴是家庭和工业火灾的一个主要原因。

　　易燃元素磷被发现之前，取火是一件相当费时的差事，需要用到木制手钻和燧石或是火绒箱。虽然起初含磷火柴给生产者带来了爆炸危险和毒副作用，但对人类来说却是一大福音，迅速取代了之前的所有取火方法。

取火之道

　　取火技术有着久远的历史，以至于我们用打火机和火柴点亮蜡烛、香烟，生起火炉时，甚至都不会觉得这是一项技术突破。然而，将时钟倒转到几百万年前，那时候的火还是大自然中一种既危险而又难以预测的东西。闪电、火山爆发、岩石掉落产生的火花或是物质自燃都会带来火，古人因此而呛到、受伤或丧命。对人类近亲大猩猩的研究表明，尽管我们从未发现有大猩猩能够自主取火或用火，但它们非常了解火的存在和危险，并且曾被观察到在火前舞蹈。

　　火的使用是人类早期最伟大的技术成就之一，也是人类改变自身处境的最重要的创造行为之一。人类可以借此照亮居住的洞穴，取暖，赶走危险的动物，当然，还能给家人烤制一顿晚餐。当人类开始定居并且种植农作物时，火又成为"刀耕火

> 人类自从发现磷元素就认识到可以利用这种新元素来生火。纳克尔就是其中之一。他在报纸表面涂上一层磷，通过击打将报纸引燃。18世纪时，出现了许多充满想象力——还很危险的——点火方式。
> ——《元素百科全书》（2004）

种"式农业的基础。今天，这种农业方式仍然是世界各地处于温饱边缘的农民的一项重要生产技术。许多物质经火烧制后都会发生转变。以最早的陶器制造和金属锻造为开端，这为人类之后的材料技术打下了坚实基础。然而，考虑到火对人类文明的重要意义，应该说在18世纪火柴发明之前，我们并没有很好地掌握火的使用。而且即使在当时，最常见的火柴原料白磷也有着非常不稳定的性质，它一碰就着，对制作者来说毒性也很大。

安全用火

安全火柴的发明使人类最终控制了火。

有着标志性红火柴头的"安全火柴"是瑞典人的发明。1844年，化学家古斯塔夫·帕斯（1788—1862）制出了第一根安全火柴。不过由于红磷比有毒的白磷成本高，帕斯未能成功将其转化为商品。伦德斯特罗姆兄弟约翰·林德斯特姆（1815—1888）和卡尔·弗兰斯（1823—1917）改进了他的发明，进而占据了19世纪末20世纪初的世界火柴市场。他们成功的秘诀是把火柴头上的有效成分跟摩擦面分离开。其中火柴头上沾有氯化钾跟硫磺的混合物，而摩擦面则是由玻璃粉和红磷调和制成，有一定粗糙度。尽管我们视之为理所当然，但点燃火柴这个简单的动作其实蕴含了令人赞叹的化学工程技术。

增长之痛

磷元素对包括人类自己在内的所有生物系统都十分重要，因此在维系我们文明的农业技术领域扮演着重要的角色。在提高作物产量的无机化肥和杀灭影响单一粮食作物生产的昆虫的杀虫剂中，我们都能看到磷元素的身影。不过磷在这两方面应

流淌在血液中的火

一方面，磷元素具有很高的毒性和易燃性，但在另一方面，没了它，有机生命也不可能出现。在新陈代谢最基本的过程中，磷元素紧密参与了分子层面的活动。没有它，我们的生物化学进程会完全终止。它还是基因（包括DNA和RNA）结构的组成部分，也是三磷酸腺苷的重要组成部分。后者是我们细胞活动的动力源泉。在更高的生理层面，磷元素也是骨骼和牙齿的重要成分。

最大产出

尤斯图斯·冯·李比希创立了农业领域的"最小因子定律"。

用的问题在于它们会令环境付出极大的代价。首先，天然磷酸盐的供应是否能够持续，满足全球不断增长的人口对无机化肥的需求，这一点尚存疑问。第二，磷酸盐的提取和生产带来了大量的废物。第三，磷肥和有机磷农药导致有害残留物进入了环境和人类的食物链。

19世纪，当人类终于打开基础化学的潘多拉魔盒，开始利用天然物质制造全新的化合物时，这些知识促进了医学、工业以及农业的发展，极大地增加了20世纪的人口数量，提高了人们的平均寿命和生活水平。在农业领域，德国化学家尤斯图斯·冯·李比希（1803—1883）发现并推广了化学肥料。在此之前，农民所用的肥料都是粪肥。李比希还创立了"最小因子定律"，提出作物产量的制约因素并不是土壤当中营养成分的总含量高低，而是取决于其中含量最低的营养成分。换言之，如果土壤缺少某种特定矿物质，比如磷或钾，那么不管你在上面施多少粪肥，除非肥料中这种营养成分含量充足，否则土地粮食产量是不会提高的。

如果说冯·李比希是人工肥料之父，那英国农学家约翰·贝内特·劳斯爵士（1814—1900）则见证了人工肥料业的诞生。劳斯爵士出身英国名门，闲暇时间颇多又极具探索精神。而且他还继承了包括位于伦敦以北赫特福德郡的一栋豪宅在内的大笔遗产，使得他毫无生活上的后顾之忧。劳斯爵士出身伊顿公学和牛津大学，自19世纪30年代开始着手进行农业实验。1842年，他取得了一项肥料生产工艺的专利。他通过使用硫酸处理磷矿，生产出了有史以来第一种过磷酸钙肥料。

20世纪上半叶，人工

过度开采

　岛国瑙鲁曾拥有丰富的磷酸盐资源，但几乎已开采殆尽。

肥料行业所用磷酸盐的最大来源地之一就是太平洋岛国瑙鲁（Nauru）。这座曾经覆满易于开采的磷矿的小岛遭到了密集开采，使它成为世界上人均收入最高的国家之一，其富裕程度甚至可以与石油出产国相媲美。然而随着 20 世纪 80 年代岛上磷矿资源的枯竭，这繁荣景象也一去不返，整个小岛因开采而遍体鳞伤，一片狼藉，经济停滞，不得不仰仗其邻国澳大利亚的鼻息。瑙鲁的悲惨命运为我们敲响了警钟，预示了现有磷矿资源被开采殆尽后的景象，而且此时世界粮食产量也会大幅度下降。

STARVED
BY LACK OF
PLANT FOOD

NOURISHED
ON
PHOSPHATE
AND LIME

增产剂

　磷肥的出现极大地提高了粮食产量。

铂
Platinum

类型：贵金属
来源：自然金属和冲积
矿床
化学式：Pt

◎**工业**
◎**文化**
◎商业
◎科研

铂是本书提到的最坚硬、最昂贵的三种贵金属之一。美洲安第斯山脉的原住民自古就有加工铂制品的传统。然而，在铂制品被人从美洲带回欧洲之前，欧洲人对它一无所知。除了用于珠宝加工，铂主要被用于汽车的催化转换器。催化转换器可将有毒的发动机排放物转换为无毒废气。

白金

在哥伦布发现新大陆之前的美洲史上，最先进的中南美洲文化取得了高度复杂的文化、科学和科技成就。不过这是怎样实现的仍然是美洲史的一大未解之谜。在黑曜石一章，我们了解到16世纪时，阿兹特克墨西卡和玛雅人（今墨西哥、危地马拉、伯利兹城和洪都拉斯）尽管已经掌握了极为复杂的黄金冶炼技术和先进的数学及天文学知识，但他们的科技水平仍然处在石器时代，没有拱形建筑、轮子、拉东西的役畜和耕犁。他们虽然在某些方面已经开始使用铜器，但从技术层面来说尚未实现从石器到金属的飞跃。

在安第斯山脉地区，我们甚至能看到更加强烈的对比。印加人及其先辈没有文字，而是使用一种名为奇普的结绳记事方法。虽然没有车或者耕犁，但他们用美洲驼和羊驼做役畜。同样的，居住在安第斯山地区的人也掌握了极为复杂的金银冶炼方法以及某些有关铜和铜合金的知识。但是并不能据此认为他

铂基准米尺

1799年，法兰西第一共和国政府（1792—1804）创立了一种新的长度单位制——米制，以经过巴黎的地球子午线从北极点到赤道距离的一千万分之一作为长度单位。法国科学家进而铸造了一块纯铂块，制成铂基准米尺。到1889年，这块铂基准米尺又被一块在0摄氏度下制成的铂铱合金新基准米所取代，后者一直使用到1960年，其铂含量为90%，铱含量为10%。之后，它被氪86同位素的波长所取代。最后，在1983年，米的定义被改为光在一定时间内所走的距离（真空中每秒299792458米）。

铂金婚戒
铂金是一种常见的黄金替代品，被人们用来制作婚戒。

古代哥伦比亚金匠制作珠宝和容器所使用的材料中，黄金和铂结合而成的合金质地十分均匀。现代冶金学者对此一直百思不得其解。理论上这是不可能的。因为铂的熔点极高（1775 摄氏度），古人不可能实现。

——《活着的岩石》（1994）亚瑟·威尔逊著

催化剂

铂是催化转换器中所使用的一种催化剂。催化转换器能够将内燃发动机产生的有毒污染物转换为无毒物质。现代三元催化器可将一氧化碳转换为二氧化碳，残余碳氢化合物转换为水，氮氧化物转换为氮气。虽然催化转换器大幅减少了机动车污染，特别是酸雨，但却导致了温室气体二氧化碳的增加。

们已经步了前 4000 年到前 3000 年欧亚大陆文化的后尘，进入到了青铜时代。不过他们也许有更出众之处。哥伦比亚和厄瓜多尔的原住民掌握了加工铂的秘密，而欧洲人却直到 16 世纪中叶才认识这种金属。

哥伦比亚和厄瓜多尔匠人在铂的冲积物中加入黄金，将之铸成合金，用来制作珠宝、容器、面具和装饰品。这种合金被早期欧洲殖民者称为"白金"。不过直到化学家分析了来自新大陆的铂金物品之后，铂这种金属才为欧洲人所识。纯铂的熔点高达 1775 摄氏度（3227 华氏度），因此多年以来，考古学家一直不明白安第斯山的匠人们是如何将黄金和铂制成合金的。以当时美洲的冶金和高炉技术，这几乎是不可能实现的。有可能是安第斯山的金属制品匠人将少量铂混入熔化的金水中，然后反复对其进行锤炼熔化，直到以远低于纯铂熔点的温度将其制成合金。随着安第斯山地区文明的毁灭，他们的铂加工技术也随之消失，直到 19 世纪人们才重拾当年的铂金熔炼水平。

神秘的金属

哥伦布发现新大陆之前厄瓜多尔地区制造的白金面具。

铅
Plumbum

类型：金属
来源：铅矿，特别是方铅矿
化学式：Pb

○工业
○文化
○商业
◉科研

成对金属
铅主要出现在铜矿石或银矿石中。

铅加工有着悠久的历史。不过有时人们加工铅并不是为了铅本身，而是为了获得金属银，因为铅常常出现在提取银的过程中。古时候，铅在很多工业和家用领域都有应用，如铅管制造、食品制备和造酒、制瓷、绘画和印刷。对铅最有争议的应用出现在 20 世纪。它被加入汽油避免发动机爆震，也给环境带来了灾难性的后果。

罗马帝国的衰落

"罗马帝国的衰落"这个短语应该代表着一个突发事件，就像标志着英国殖民统治终结的北美独立战争（1776—1783）和 1789 年法国大革命这样的社会政治大变局一样，这个事件或许酝酿已久，并造成了突然的危机，进而改变整个社会形势。有读者也许会认为 410 年西哥特人洗劫罗马（自前 387 年以来第一起此类事件）标志着帝国衰落的开始。而实际上，罗马帝国不仅从这次灾难中坚持了下来，甚至还挨过了 455 年的第二次洗劫。西方编年史一般认为，罗马帝国正式衰落是以西方最后一位皇帝罗慕路斯·奥古斯都（475—476 在位）的退位为标志。不过当时社会可并不这么认为。这是因为罗马皇帝们仍然在君士坦丁堡统治着帝国的东部地区。1453 年之前，拜占庭帝国的皇帝们一直维持着自己仍然统治着整个罗马帝国的假象，尽管他们的权威出了君士坦丁堡几乎无人认可。

与 1945 年纳粹第三帝国的突然崩溃不同，罗马帝国的终结就像是一场延续了几个世纪的慢动作车祸。几个世纪以来，其根源一直备受争议。最著名的观点出自爱德华·吉本的著作《罗马帝国衰亡史》（1776—1788）——"既然宗教的伟大目标是求得来世的幸福，那么听到有人说基督教的介入，或者至少是对它的滥用，对罗马帝国的衰亡具有某种影响，我们大可不必感到惊讶或气愤。"他将罗马帝国衰落的大部分原因归咎于天主教的崛起及其对罗马士气和财富的作用。后世的历史学家更倾向于将其归因于经济、思想、军事、技术以及环境因素的综合作用。但是有一些医学历史学家（见下文）则有着与此大相径庭的见解，他们认为是铅在罗马时代的大量使用导致了罗马的衰落。

致命水管
铅可能导致了罗马帝国的衰落。

重金属

铅或许没有金银那么耀眼和贵重，也没有青铜用途广泛，但它同样是地表中广泛存在的一种金属元素。铅的质地相对较软，易于加工铸造。罗马人在银的提取和提纯过程中生产出了大量的铅，并且发现它很实用。可是铅和其他重金属一样，对人类来说是有毒的。它会在人体内积聚，并损害周围和中枢神经系统。依接触的类型和时间长短，铅会导致不同的中毒症状，包括神经病变（感觉功能障碍，四肢麻痹）、腹痛、失眠、嗜睡或精神亢奋。急性中毒时，会出现痉挛甚至死亡。其他还包括贫血、泌尿系统和生殖系统问题等。12岁以下儿童尤其容易铅中毒。研究发现，儿童和青少年的学习障碍症、注意力不集中症以及反社会行为跟暴露在含铅环境中有着直接的关系。

陷入疯狂
医生在古代就已经认识到铅有毒性。

罗马人对铅的两种主要用法导致他们一生都会直接且长期暴露在含铅环境中。一是他们用铅制造水管，二是他们用铅质容器做厨具，并用来盛放添加到食物和酒中的浓葡萄汁。而且，社会地位越高的人，暴露

> 既不是因为野蛮人，也不是因为基督徒，更不是因为道德败坏……真正的原因是防止酒变酸时所用的铅。铅才是罗马皇帝疯狂的根源。含铅的酒将整个帝国毁于一旦。
> ——《铅中毒和罗马帝国的衰落》（1965），科勒姆著

在铅中的风险越大。这是因为铅制品多为富人所用。铅管中流出的水越多，消耗的添加了浓葡萄汁的食物和酒也越多。其中受害最严重的便是宫廷成员。确实得承认罗马人骁勇善战，管理技巧高超，但统治者常常都是疯子，他们对现实几乎没什么概念。典型的代表便是罗马帝国第三位皇帝卡利古拉（12—41）和暴君尼禄（37—68）。不过，有历史学家对铅中毒假说提出了质疑，认为它夸大了铅在罗马帝国衰落过程中的地位。他们提出，铅有可能在罗马强盛起来的几个世纪中就已经为罗马人所用，而且东罗马帝国也延续了一千多年。

罪人小托马斯·米基利

时间的车轮来到20世纪，作为"地球历史上对大气影响最大的个体生物"，小托马斯·米基利（1889—1944）在历史上留下了重重的一笔。米基利之所以有此恶名是因为他在20世纪20年代的两个发明——对制冷剂氯氟化碳的工艺改良以及添加于汽油的四乙基铅 [TEL，$(CH_3CH_2)_4Pb$]。现在已经知道前者会破坏臭氧层，而后者则被用来防止发动机爆震。发动机之所以会爆震是因为汽油跟氧气混合物燃烧不平稳，这会影响发动机性能，加速磨损，甚至在严重情况下损坏火花塞铸件

活字印刷字模

活字印刷中所使用的字模为含铅、锡、锑的合金。

或火花塞头。在汽油中添加无色无味的四乙基铅可以解决发动机爆震的问题，但同时也导致了严重的环境问题。

四乙基铅致人死亡的案例最早出现在杜邦公司的所在地——美国俄亥俄州西南部城市代顿。这里是最先生产该添加剂的地方。之后通用汽车公司在新泽西州的下属化学公司也出现了类似事件，导致该工厂因安全原因被强制关闭。这一次，企业高管也未能逃脱自己生产的毒物。米基利不得不因为健康原因给自己放长假，很多人都认为他是因为得了铅中毒才休假的。直到 20 世纪 90 年代，美国和欧洲国家才逐步淘汰四乙基铅。但这已经给城市地区，尤其是给毗邻繁忙道路和高速公路地区的环境遗留下了高浓度的铅含量。

在铅含量最高的地区，犯罪率也最高。根据这一现象，经济学家里克·纳文提出铅污染物是 20 世纪 80 年代美国许多城市高犯罪率的根源，也是不同社区犯罪率差异很大的原因。他引用了学习美国淘汰四乙基铅的国家的数据。这些国家的犯罪率达到峰值之后稍有下降。2002 年，美国宾夕法尼亚州匹兹堡一项针对青年犯罪的研究披露，受测者的血铅水平比对照组中无犯罪的青少年要高。研究人员指出，铅中毒会降低受影响青少年的自控能力，增加其反社会行为的几率，进而导致违法行为。

环境损害

铅能在环境当中留存多年不降解。

毒上加毒

米基利给本就含污染物的汽油中加入了铅。

钚
Plutonium

类型： 放射性元素
来源： 铀矿石
化学式： Pu

◎**工业**
◎**文化**
◎**商业**
◎**科研**

能量源泉
　　钚是科学已知的最强大的能量物质。

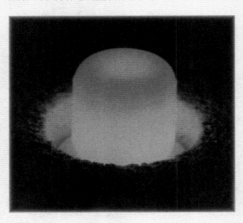

　　钚和铀这两种物质在核武器和核能领域密不可分，因此本章的阅读应该跟铀一章结合起来。钚是核导弹与核武器的制造原料，因而在防核武器扩散领域和预防恐怖分子制作"脏弹"方面引发了极大关注。

岛国日本

　　要说英国是一个心胸狭隘的国家，总是对相邻的欧洲大陆各国心存提防，那比起日本来，英国人简直可以说是热情的国际主义者，国门大开，各色人等皆可入内。尽管如此，日本人这个样子是有原因的。在从 17 世纪早期到 19 世纪晚期的两个半世纪中，日本对外奉行闭关锁国政策，仅留港口城市长崎为唯一的对外门户，并且严格限制以中国和荷兰商人为主的外国人和外国居民数量。当时的日本还是一个封建幕府国家，由江户（今东京）的军事独裁者幕府将军统治。经由长崎这个门户，日本政府选择性地允许自己认为有必要了解的外部事物进入国内，并且其数量极其有限。而整个国家基本上处在与世隔绝的状态，国人满心以为日本文化比西方文化更优越。

　　然而 1853 年，以海军准将马修·佩里（1794—1858）为首的美国舰队来到了日本，打开日本的国门，强迫幕府将军开放对外贸易港口，为西方各国开辟了一片新的自由市场。当时的西方豪强都十分热切地希望能像十几年以来他们在中国那样，分得与日贸易的一杯羹。这一事件导致日本幕府统治被推翻，且国家的名义最高统治者改为明治天皇（1852—1912）。而在此之前，日本天皇一直只是居住在京都的政权象征而已。

如果说起初日本 1868 年明治维新的目标只是废除不平等贸易条约，将外国人驱逐出境，它的真正作用却是建立了一个强势的中央集权政府，热切地开放日本，实现日本的现代化。不像同时期的中国和其他亚太邻国，日本保持了国家独立，并且集中资源在技术和军事领域追赶西方世界。1904 年，日俄战争爆发。此战虽然持续时间不长，但意义重大。此时的日本已经具备了足够实力打败周边首屈一指的欧洲强国——沙皇俄国。这是自欧洲大航海时代以来，第一次有非西方国家与西方强国正面对抗，且取得了决定性的胜利。

皇帝与胖子

对日本人来说令人遗憾的一点是，在 19 世纪这场殖民主义和帝国主义的瓜分盛宴上，他们有些姗姗来迟。不仅错过了开胃菜和主菜，连甜点也没有赶上，只能将就着吃点餐后坚果和糖块。英、法、德、俄、美等国都已经谋得了可观的海外利益，留给日本的可以说所剩无几。但日本并不为此所动，侵占了中国台湾、朝鲜、中国东北和沙俄远东部分领土以及东南亚、太平洋南部和澳大利亚等地为自己的殖民地。

虽然作为一大殖民国家，日本登上世界舞台的时间较晚，但这并不影响它成为重量级的参与者。第一次世界大战期间，日本站在了战胜国一方。但到了第二次世界大战，它很不明智地加入了轴心国。在德国、意大利、英国跟法国在西半球陷入战争的同时，美国、英国和日本在东半球也做好了战争的准备。作为第二次世界大战的一部分，太平洋战争（1941—1945）血腥而又惨烈。然而，若不是得益于战争期间研发出的原子弹，这场战争有可能持续更长的时间，情况也会更加惨烈。实际上，原子弹指的是英美加三国进行的曼哈顿计划（1941—1946）中所研制出的一系列核武器。铀一章将讲述 1945 年 8 月 6 日毁灭广岛的原子弹"小男孩"的故事。而本章向大家介绍的是 1945 年 8 月 9 日投掷到长崎的钚弹"胖子"。

日本 8 月的天气有时非常潮湿闷热，常常都浓云密布。本来，

天空中若能出现灿烂千阳，其景象将如同造物主的光辉。现在，我变身为死神，大千世界的毁灭者。
　　——1945年7月16日，第一颗钚弹成功试爆后，原子弹的发明者之一物理学家罗伯特·奥本海默（1904—1967）引用了印度经典作品《薄迦梵歌》作出了上述评论。

遗憾
　　爱因斯坦和奥本海默都支持消除核武器。

胖子
　　1945年8月9日，"胖子"被投向日本长崎。

B-29超级空中堡垒轰炸机"博士卡"的首要攻击目标是小仓。小仓位于九州和本州两岛之间，俯瞰下关海峡。可是由于当天能见度较差，博士卡号决定改为攻击后备目标，日本传统对外开放城市长崎。当地时间将近8点，空袭警报响彻城市上空，预示着那即将到来的末日一爆。不过接下来的半小时，空中没有任何燃烧弹倾泄到这城中的木制和临时房屋上，警报随之解除。10点53分，长崎距离大毁灭只剩下8分钟了，两架B-29被人发现出现在城市上空，但被当成了

侦察机，未引起注意。11点01分，云层当中出现了一片裂缝，使得飞行员可以瞄准空投目标。于是，他投下了有史以来第一颗也是最后一颗以人类居住地为目标的钚弹——胖子。

钚弹"胖子"外形圆浑，其名称来自演员悉尼·格林斯特里特在电影《马耳他之鹰》中的角色，或者是英国前首相温斯顿·丘吉尔的形象。炸弹内核含有 14.1 磅（约 6.4 公斤）重的钚 239，外层为普通炸药，在距目标两公里处投下。43 秒之后，炸弹在离地面 1540 英尺（约 469 米）高度爆炸。爆炸释放的能量相当于 2.1 万吨的 TNT 烈性炸药，总破坏半径约 1 英里（约 1.6 公里），造成约 4 万人直接死亡。物理学家阿尔伯特·爱因斯坦（1879—1955）和罗伯特·奥本海默（1904—1967）之前曾鼓励美国政府赶在德国人之前研制出原子弹。但他们很快认识到自己创造了足以毁灭一切的力量，为此，他们积极进行游说，呼吁政府禁用这种新武器。然而他们所得到的答复——如果笔者可以复述的话——却是"你们若是不想要，那就不应该打开魔盒"。然而随着苏联于 1949 年 8 月 29 日试爆了代号"第一闪电"的钚弹（据推测与美国的"胖子"相似），所有美国单方禁用核武器的希望全都落了空。

死亡之云
  核爆炸带来的典型蘑菇云。

对原子弹的使用以及它所滥杀的妇女儿童日夜折磨着我的灵魂。
——美国第 31 任总统赫伯特·胡佛

浮石
Pumiceus

类型：火成岩
来源：火山作用
化学式：主要是 SiO_2 和 Al_2O_3，缝隙中含有水分和 CO_2

◎**工业**
◎文化
◎商业
◎科研

虽然现在已不常见，但质地粗糙、能够漂浮于水的浮石在古代曾被用作轻质建筑材料。采用了浮石的建筑中，最著名的便是位于罗马的帕特农神庙。这座古罗马的象征穿越了千年，屹立至今日而不倒，世界各地均能发现与之相似的建筑。

众神之殿

任何想感受古罗马帝国光辉时代的人都应该去参观位于21世纪希腊首都雅典的帕特农神庙。尽管被后世树立起的各色建筑所包围，并且饱经两千多年的风霜，但这并不影响帕特农神庙雄伟壮观的气势和建筑效果。最令观者震撼的便是神庙巨大的饰有花格镶板的穹顶。穹顶最高处有一个直径30英尺（约9米）的圆孔，在今天仍然是庙内的主要光源。古代帕特农神庙的确切用途仍然未知。126年，罗马帝国五贤帝之一哈德良（117—138在位）下令在一座同样名为帕特农的建筑原地建造了现在的帕特农神庙。由于神庙中供奉着罗马帝国皇帝和奥林匹斯山上主要神明的雕像，所以它可能是用来举行民俗、宗教或者国家仪式的地方。

古罗马被基督教同化之后，基督徒接手了包括帕特农神庙在内的大量非基督教建筑，并且改造来进行自己的宗教活动。但在此之前，古罗马人的宗教活动与之后的基督教大相径庭。罗马宗教活动的核心是动物祭祀，其对象通常是牛，但也有马、绵羊、山羊和鸡。祭祀活动在寺庙外的公共祭坛上进行，以便虔诚的信徒观看。之后祭品会被信徒吃掉，这被认为是一种与神交流的社会行为。各个雄伟的神庙中供奉着皇帝、英雄以

古罗马奇迹
　　帕特农神庙重达5000吨的穹顶是古代建筑艺术中的一大奇迹。

MAGRIPPA·L·F·COSTERTIVM·FECIT

天穹

帕特农神庙顶部的圆孔使用了浮石混凝土。

及众神的形象，宝库中存有珍贵的献祭品。不过跟基督教的教堂不同，神庙不是用来做礼拜的公共建筑。

天堂的穹顶

帕特农神庙的穹顶是整座建筑最引人注目的部分，也是令神庙从世界建筑之林脱颖而出的元素。整个穹顶重量将近 5000 吨，据说代表着太阳悬于正中的天穹。建筑师采用了多种技术，保证了这个 142 英尺（约 43.3 米）的穹顶能历经将近两千年的风霜而不倒。从底部到顶部圆形开口，穹顶的厚度逐渐由 21 英尺（约 6.4 米）减少至 3.9 英尺（约 1.2 米）。穹顶结构采用了带隐藏不可见空间的蜂巢结构，降低了穹顶重量。穹顶内外有多个砖拱支撑着穹顶的重量。最后，建筑师采用不同类型的材料制成了重量各异的混凝土。其中，顶部使用的便是重量最轻的浮石粉。虽然有关建造帕特农神庙所使用的材料和技术的知识早在几百年前就已失落了，但历经多次灾害和黑暗时代的蹂躏，帕特农神庙仍然屹立不倒，成为后世建筑师、工程师和艺术家的灵感源泉。

海上浮岛

2006 年的一天，有人驾游艇来到了汤加群岛附近。他们发现一座新的火山岛正在从大洋底部升起。这令他们感到很惊奇，甚至将游艇开到了一片"石海"之中，损坏了螺旋桨。这种石海是漂浮在海面上的一层厚厚的浮岩，由海底火山的爆炸形成，有的甚至能达到 18 英里（约 29 公里）长。它们为南太平洋地区的海洋生物提供了栖息地，也为陆地生物登上不同海岛带来了便利。

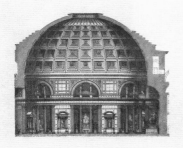

哈德良建造的帕特农神庙是有史以来最宏伟的建筑之一。它风格独特，轮廓鲜明，含义丰富……表达了一个比罗马帝国更为广阔的世界。就对建筑艺术的影响而言，没有任何其他建筑能够与之匹敌。

——《帕特农神庙》（2002），W.L. 麦克唐纳著

石英
Quartzeus

类型：硅酸盐矿物
来源：花岗岩和火成岩
化学式：SiO_2

◎工业
◎文化
◎商业
◎科研

石英和石英岩质地坚硬，较为常见，是古代人类开始使用工具时最早采用的矿物之一。但到了 20 世纪，石英又引发了一场新的计时革命，终结了瑞士表一个世纪以来一统天下的局面。

石器时代的黎明

奥尔德沃文化存在于距今 170 万到 260 万年之间，其名称源于东非坦桑尼亚人类文明的摇篮——奥杜瓦伊峡谷。人类学家普遍认为奥尔德沃文化的石器工具是最早的人类早期祖先——不论是南方古猿还是最早的古人类——制造工具的证据。就其本身而言，这些石器工具几乎没有表现出任何细致加工的痕迹，以至于有人类学家认为它们不过是落石自然形成的，而不是有意加工而成。然而，细致分析和实验验证显示，这些包括石英和石英岩在内的岩石碎片是被我们的祖先有意制成刮刀、锥子和斧头的，好用来获取食物，砍倒树木，去除树枝，处理兽皮制成衣服、帐篷和容器。在石锤击打下，石英和石英岩工具会变钝。尽管离显示出行为的现代性还有很长的路，但奥尔德沃石器标志着原始人类掌控自然的开始。

多晶型物
石英形式多样，包括半宝石式的结晶质矿物。

奥尔德沃石器使用河床沙滩上常见的坚硬鹅卵石制成。所有坚硬得能制出锋利边缘的材料，如玄武岩、黑曜石、石英和燧石都曾被用来制造工具。石锤被用来反复击打鹅卵石边缘，去除其多余部分，形成锋利的边缘。
——《人类心智的起源》（2008），安德烈·维史德斯基著

黎明的杜鹃钟

　　现在，让时钟前行 260 万年，来到北方几千英里以外的地方。在那里，石英将要在一个古老的行业中引发同样惊天动地的革命。说起瑞士，总让人想起他们一尘不染的环境和美味的巧克力。每个瑞士男性公民都有权利在车库中放一把自动步枪，以防法国人或者德国人入侵自己的国家。除此之外，20 世纪的腕表技术基本上都为瑞士人所把控。这也算得上是地理历史的某些意外之一。1969 年，日本将第一款石英手表——精工 35 SQ Astron——推向市场，彻底动摇了瑞士手表的地位。精工 35 SQ Astron 采用以电池为动力的石英晶体谐振器，振荡频率为 8192 赫兹。它取代了传统的机械上发条式腕表，更加耐用，也更经济。更令瑞士人感到有挫败感的是，它的准确度更高。

　　几年过去，瑞士制表商绝望得简直要从自己精致的山中小屋里跳窗自杀，或是吹响山笛纾解郁闷之情。但在 1983 年，瑞士人创立了自己的石英表品牌——斯沃琪，重新夺回了世界上最受欢迎、最时尚钟表商的地位，再次占据了主要的市场份额。

镭
Radius

类型：碱金属
来源：铀矿
化学式：Ra

放射性的发现既有 X 射线、放疗治疗癌症和核电等积极影响，也带来了一系列负面问题，如核恐怖主义、核武器以及核事故。对 20 世纪早期的一群人来说，放射性元素镭的发现意味着一个千载难逢的杀伤机会。

死亡射线

1898 年，两次诺贝尔奖的获得者居里夫人发现了一种前所未见的新元素，并将其命名为镭。该词来源于希腊语 radius，意为射线。尽管居里夫人并不是当时第一个进行放射性研究的人，但该命名后来成为英语中放射现象一词的词根。当时，人们没有立刻理解该发现可以有何实际应用，即便当时最伟大的科学家也不例外。发现原子结构的英国物理学家欧内斯特·卢瑟福（1871—1937）1933 年说："原子衰变产生的能量是相当稀少的。把原子嬗变看成是一种动力来源是一种妄想。"此前一年，阿尔伯特·爱因斯坦（1879—1955）也在论文中强调："完全没有迹象说明人类有可能获取核能，否则就意味着原子结构可以被随心所欲地打乱。"

荧光特性
黑暗中，镭会发出蓝绿色的荧光。

在钍和铀两章，我们知道，不到 20 年后，随着原子反应堆和第一个核武器的研制成功，他们的论断被证明是完全错误的。放射性的发现应归功于许多科学家的不同研究的集合，其中最主要的是发现了伦琴射线的德国物理学家威廉·伦琴（1845—1923）、研究铀元素的法国物理学家安托万·贝克勒尔（1852—1908）以及分离命名镭和另一种放射性同位素钋的波兰裔法国科学家玛丽·居里。

镭在地球上极其罕见，不是一种自然金属，而是铀矿的一种成分。居里夫人分离出的纯镭为银白色金属，接触空气后会迅速氧化。但她记录说在黑暗中，纯镭会发出美丽的蓝绿色荧光。在当时，人们还不知道放射性的危险。居里夫人会触摸少量镭元素，甚至将其放到皮肤上看有什么后果（几天后这导致了皮肤溃烂）。她还直接把镭块放在书桌中。直到

纪念贝克勒尔

放射性活度单位被命名为贝克，以纪念物理学家贝克勒尔。

今天，居里夫人的私人纸张仍然因为具有轻微放射性被保存在衬铅的箱子中。众所周知，居里夫人的丈夫和主要合作者皮埃尔因马车车祸而丧生。居里夫人本人则死于工作中接触放射性物质导致的再生障碍性贫血。而故事诡异的一面是，居里夫人

居里夫妇

居里夫妇对镭的研究使人们发现了放射现象。

发现的第二种放射性元素钋 2006 年在伦敦被用来谋杀了一名俄罗斯前特工。

死神之笑

第一次和第二次工业革命的巨大技术进步为人类带来了诸多福祉，提高了大众的生活水平、医疗水平和平均寿命。然而，对少数接触许多全新的、未经试验和测试的有毒物质的人来说，这些技术进步也令他们付出了沉重的代价。20 世纪早期一起著名的工业中毒事件所涉及的产品里，就含有居里夫人最新发现的革命性物质——镭。

近年来，人们对新生产品、化学物质和技术进步戒心日重，甚至有人反应过度地认为受雇于无良企业的科学家毫无责任感，故意毒害自己。可看到"神奇"的药丸如镇静剂沙利度胺、迷幻药 LSD 以及海洛因，能带来"奇迹"的化学品如杀虫剂 DDT 和制冷剂 CFCs，以及铅、水银和石棉等各种有毒工业物质导致的层出不穷的化学和工业灾害，也许有一点过度谨慎也是可以理解的。然而，20 世纪初时每年都有无数的新发现如雨后春笋般涌现，这一波积极的新发现高潮给人类带来了一波无限膨胀的乐观主义情绪，相信一个没有疾病、战争和欲望的未来即将到来。

万灵药

镭是众多所谓"万灵药"的成分之一。

但是元素镭却给人类迎头浇下了一盆冷水。今天，只凭一个镭字就能在人群中引发一片紧张之情。而曾几何时，它所代表的却是温暖的阳光，能够促进健康，治愈疾病，驱走愚昧、疾病和贫穷的阴霾。1918 年到 1922 年，含放射性镭成分的万能药水"镭钍"在销售中号称自己是"永恒的阳光"，能够"起死回生"。1932 年，一位社会名流因为饮用"镭钍"导致镭中毒而丧生。《华尔街日报》为此还发表了一篇名为《在他的下颌

工作中要用到这么出名的产品肯定是粉刷表盘这份工作受到人们追捧的原因之一。那些年轻的女工把含镭涂料刷到自己的扣子上、指甲上和眼睛上。至少有一个朋友们眼中的"可爱的意大利姑娘"在约会前把牙齿都涂上了涂料，好在黑暗中点亮自己的笑容。

——《镭女郎》（1997），克劳迪娅·克拉克著

脱落前，镭水依旧效果拔群》的评论。

　　不过，最大的悲剧发生在美国镭业公司的年轻女工身上。她们的工作是为一战期间美国空军使用的腕表表盘粉刷一种磷光性质的夜光涂料。该企业的研究和管理人员对镭的危害性肯定是有所了解的，因为他们接触给涂料带来磷光的镭时都会穿上防护服并且使用铅蔽屏。但是却没有人给这些女工提供类似防护措施，或者警告她们接触这种涂料的潜在风险。粉刷表盘数字所使用的纤细毛刷尖端会迅速变钝，女工被教着用嘴唇和舌头把它重新弄尖，导致她们在工作中摄取了大量的有毒涂料。由于对自己所接触的危险一无所知，女工们拿这涂料当成眼影和指甲油，有的甚至还涂到牙齿上去约会。

　　跟患上磷毒性颌骨坏死的工人一样，这些女工身上开始出现很严重的因接触涂料而导致的辐射中毒症状，很多人都得了名为"镭（中）毒颌炎"的面部坏死疾病。最终，该企业遭到起诉，并被判有罪。该判决也成为美国职业安全法律史上的里程碑式案例之一。尽管如此，在判决之前，已经有上百名工人在极度的痛苦和可怕的毁容中丧生。镭钍和夜光涂料的受害者不过是最早因镭和放射性射线发现而丧生的人。随着 1945 年核裂变武器的研制成功，更可怕的事情还在后面。

致命涂料

　　含镭涂料被手工粉刷到手表和钟表表盘上。

黎明前的黑暗

　　除了含镭产品，任何跟原子有关的事物都受到了狂热追捧。但随着古巴导弹危机（1962年）等与核有关的事故和事件的发生，人们突然意识到这种追捧会带来怎样致命的后果。然而，20 世纪 60 年代之前，发明家、企业和科学家都充满了兴奋的幻想，认为利用核能的光明未来即将到来。到时候，不管是吸尘器还是车库里的福特房车都将采用这种奇迹般的能源进行驱动。

沙子
Sabulum

类型：岩石和矿物颗粒
来源：岩石侵蚀
化学式：SiO_2

◎**工业**
◎文化
◎商业
◎科研

理所当然
　　沙子也许是历史上最受忽略的矿物了。

沙子本质上没有什么价值。在自然状态下，其特性也让它难以成为建筑材料。然而沙子也许是本书最重要的矿物之一，其地位媲美燧石、铁和煤，是人类文明的基石之一。石英砂不仅是金属冶炼中的耐火材料，也是玻璃的主要成分。而玻璃不单单让我们的居住和工作场所变得干燥、温暖、有照明，而且使得对宇宙和人体的科学研究有了可能。有理论认为16世纪之后，西方国家之所以能够主导世界，是因为东亚国家，尤其是中国缺乏玻璃以及与之相关的技术。

李约瑟难题

　　人类文明的进步给我们提出了几个有趣的问题：为什么第一次工业革命发生在英伦诸岛？为什么区区几百名西班牙冒险家能够成功在几年时间内征服世界上地域最广阔、人口也最多的两大帝国？通过观察某些矿物以及与之相关的技术，本书试图找出这些问题的答案。作为本章的主题，沙子这种相当平凡而常见的矿物也提出了相似的问题：中国曾经有着惊人的财富、众多的人口、丰富的自然资源，而且还拥有先进的科学技术、良好的社会秩序、单一的人种以及较高的教育水平。但为什么她16世纪以后未能像之前的两千多年那样主导世界呢？

　　尽管西欧国家跟中国距离遥远，感受不到中华文明的直接影响，但从古代到近代，得益于创新技术的传播——比如造纸术、印刷术、火药和指南针这四大发明和商品贸易——如茶叶、丝绸和瓷器，欧洲、近东地区和印度的发展都间接受到了中国的巨大影响。当然，少数技术和商品也被传播到了中国——中国人跟中亚的铁匠学会了加工铁器。但是他们自从掌握了这项新技术，就

防水
　玻璃保护学者们远离恶劣的自然条件。

对其进行了改进，早在西欧之前就开始生产铸铁和钢材。

　　那么，为什么世界上最通行的语言是英语而不是普通话？使用最广泛的文字是拉丁字母而不是中国汉字呢？哈佛历史学家费正清（1907—1991）是其同时代最有影响力的汉学家。他跟爱德华·吉本对罗马帝国的研究相似，费正清提出造成"大分流"的最主要因素是宗教。所谓"大分流"指的是西欧国家从16世纪开始占据世界的主导地位。这一概念是美国政治学家塞缪尔·亨廷顿（1927—2008）提出的。而在当时的中国，其宗教是道教，而不是基督教。

　　2002年，历史学家艾伦·麦克法兰和格里·马丁在《玻璃的世界》一书中提出了一个更加吸引人的理论，解释了玻璃技术在中国的缺失。在纸糊的门窗背后，中国人居住的精美房屋和宫殿笼罩在几近不变的阴影中。他们以不透明瓷器为容器进行化学实验，这种容器本身常常跟实验物质发生反应。他们也不制造透镜或是镜子来研究宏观或微观世界。而且他们很早就在许多领域达到了极为先进的水平，成为世界的主导者。这种成功和主导地位严重阻碍了他们的进一步发展。

启蒙运动
　先进的西方科学以采用玻璃透镜的仪器为基础。

　　16世纪以后，中国人不断地改进其已有的技艺——陶器、漆器、金属加工以及丝

绸制作等，远远超过了西方所能达到的水平。但是在科技的关键领域，中国人却没有任何创新，其思维也没有突破定式。不管是在政治、社会、艺术、宗教领域，还是在科技领域，他们满足于自己的世界观、能力、艺术、建筑和消费品。即使有人向他们展示了工业时代的诸多奇迹——机械钟、蒸汽火车轮船、机织棉布，他们的反应也不过是像成年人看到小孩子的泥画一般，礼貌地赞叹一下，再回过头继续使用传统方法。然而欧洲、美国、日本等列强的入侵粗暴地改变了这一切，在中国引发了长期的政治、社会和思想衰退，她经历了长达三个世纪的外侵内战之苦才再次取得独立，成为世界强国。

照亮世界

当然，古代中国人并不是完全不知道玻璃制造技术的存在。他们发展出了自己的玻璃珠和其他小器物的玻璃生产技术。基督时代早期，他们甚至还从西方进口玻璃制品。然而他们从未认为自己有必要将玻璃技术提升到一个更高的层次，尤其在玻璃的许多前工业时代功能都可以由陶器代替的情况下。

科学开始于对自然世界的观察和描述，以及对这些观察描述的阐释。这促进了有关物质、能力、光以及人体运作理论的形成。科学理论可以成为公理，也可能被不断检测、改进或者被新理论和试验推翻。中

玻璃制作工艺

古罗马时期制作的一个玻璃罐。

国人以阴阳相对原则为框架，五行（金、木、水、火、土）元素互动为基础形成了一种复杂的世界观，并将之应用到所有的知识和人类活动领域。以人体为例，中国人建立了一套复杂的理论，认为人体内有名为"气"的微妙能量循环，讲究阴阳的平衡。其诊断技术、营养规则、药理学、运动方式以及治疗方法皆以此为基础。

气这一概念最早出现在汉朝（前206—220）医学典籍《黄帝内经》中，它不是一种可以直接观察到的物质。无论使用多么强大的显微镜，气及其在人体内运行所经过的经络都是看不见的。但这对中医来说并不是问题。16世纪晚期，显微镜向世人揭示了微观世界的存在，从而促进了19世纪细菌致疾病理论的形成。然而，显微镜的发明并未推翻历史悠久的中医疗法。如今中医诊疗与西医一样，也是一种疾病诊疗方式。

一沙见世界，一花窥天堂。手心握无限，须臾纳永恒。
——摘自《纯真预言》，威廉·布莱克（1757—1827）著

神奇的沙粒
　　普通沙粒——制造玻璃的基本原料。

透过玻璃看世界

在古代，玻璃的制作原料是硅土（SiO_2）——大部分海滩

上都能看到的黄色石英砂——和苏打或草木灰这样的碱性物质。同时加热时，这两种物质会融化成液体，冷却后形成透明的玻璃。根据古罗马帝国历史学家老普林尼（23—79）的说法，腓尼基人沙滩烤肉时意外首先发现了玻璃的制造方法。不过实际上应该是世界不同地区都分别多次发现了如何制造玻璃。玻璃最早应该是在青铜时代（距今 3200 到 5300 年）作为金属加工的副产品被意外制造出来的。古代美索不达米亚人、埃及人和希腊人都为玻璃的制造技术做出了贡献。但真正发明并将制作瓶子和酒杯的玻璃吹制技术传播开来的却是古罗马人。5 世纪，古罗马帝国在西欧崩溃，但玻璃制造技术并未随之消亡，而且还产生了不同风格，分别是以北非和近东地区为代表的东方风格，以及以意大利和德国为代表的西方风格。

几个世纪以来，玻璃对科学和知识进步做出了无数贡献。在中世纪，平板玻璃制造技术的进步大大降低了窗玻璃的成本。在此之前，建筑物的窗户都是没有玻璃的。光线直接射入的同时，低温、寒风、雨雪也破窗而入，大大影响了文士和抄写人员的工作舒适度。而比窗玻璃意义更大的是玻璃眼镜的发展。玻璃眼镜最早出现在 13 世纪末期的意大利，并迅速传遍了欧洲。有了它，学者的职业生涯不再受限于其视力正常与否，甚至可以延长 20 年。玻璃透镜、镜子以及棱镜的发展使人

不受欢迎

在气候更为温暖的近东地区，玻璃制造技术发展较为缓慢。

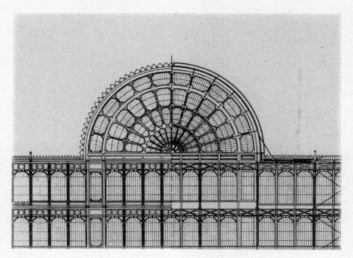

们得以理解光的特性，这进一步解开了物质的许多秘密。光学仪器，如望远镜和显微镜，帮助航海家、医生和科学家解构并重建自然和人体。炼金术士和化学家使用对冷、热、酸、碱无反应的玻璃烧杯、曲颈瓶和试管进行试验，使他们得以鉴别出除古典四元素——土、火、气和水——之外的构成物质的化学元素，并随心所欲地使用它们制成新的化合物。

要说玻璃是帮助西方科学最终脱离宗教教条和魔法炼金术的隐形媒介，这话并非夸大之辞。但自 16 世纪到 20 世纪，西方以势不可挡之势主宰了世界。麦克法兰和马丁在解释这一现象时将一切归于玻璃发明这样一个简单的答案上，是否也走得太远了呢？与之意见相左的历史学家抨击他们将答案过度简化，忽视了中国文化的异质性，这压抑了内部竞争和变革需求，同时他们也忽视了 16 世纪欧洲在新大陆掠夺的大量资源。尽管如此，如果我们考虑玻璃时不把它单纯当做窗户、眼镜、试验设备和光学仪器的制作材料，而是一种精神状态——一种深入看穿物质的能力，即一种知识启蒙的能力，那么笔者也同意他们有关玻璃是导致西方大大领先于东方的关键因素的论断。

水晶宫

英国 1851 年世界博览会在一处名为"水晶宫"的巨型玻璃建筑内举行，这并非巧合。

观察生命的新角度

我们双眼所观察到的世界不过是世界的一部分，除此之外，还同时存在着一个宏观世界和一个微观世界。今天，我们已经理所当然地接受了这一点。虽然我们的感官无法直接观察到宏观和微观世界，但我们可以借助光学仪器来做到这一点。早在古代，人们就使用天然玻璃和宝石磨制出了各种透镜。眼镜最早出现在 13 世纪的欧洲。但直到十六七世纪玻璃透镜和反光镜才被用来制作望远镜和显微镜，这些科学仪器改变了我们对世界的理解。伽利略（1564—1642）改进了望远镜，他的天文发现也引发了一场科学革命，推翻了被传承了几百年的观念和基督教教义。而在另一方面，荷兰科学家安东尼·范·列文虎克（1632—1723）推广了显微镜的使用，他所描绘的放大昆虫、植物以及人类和动物组织令与他同时代的人大感惊奇。

硝石
Sal petrae

类型：矿物盐
来源：木灰
化学式：KNO₃

硝石（硝酸钾）是从木灰中提取的一种人工化学品，可以充当肥料和食品防腐剂。但在历史上，硝石是中国古代发明"黑火药"的成分之一。黑火药不仅为世界带来了绚丽的焰火，还带来了毁灭性的火药及火药武器。

中国综合症

在前一章中，笔者阐述了可能导致中国在 16 世纪开始丧失其世界大国地位，逐渐落后于西方国家的原因。从汉朝（前 206—220）开始到明朝（1368—1644）的前一百年（同时期对应西方的罗马共和国及帝国早期到文艺复兴时期），在许多技术和艺术领域，中国一直都是毫无争议的世界领导者。除了以不同技术发展水平和可用自然资源为基础的理论解释，历史学家还提出，中国主要也是为自身成功所累。秦始皇统一华夏之后，中国形成了一个有序的中央集权国家。其体制远比其邻国和对手要先进，造成在千百年的时间里，没有外部力量能够威胁到其内部的稳定。

然而，中国人有一点跟罗马人相似，非常擅长内斗。但朝代的更迭并没有影响中华文明的稳定根基，与此相反的是，西方历史上则出现过多次灾难性的社会剧变。依次是发生在地中海东部地区的青铜时代大崩塌（约前 1200—前 1150），476 年西罗马帝国灭亡，7 世纪穆斯林人征服波斯和拜占庭帝国南部省份，以及 1453 年奥斯曼土耳其帝国攻陷君士坦丁堡。其原有社会秩序被彻底摧毁，并被全新的秩序所取代。如果西方文明的发展可以被比作激

死亡仙丹
硝石最早被用来制造可以长生不死的仙丹。

流漂杵，时不时出现的瀑布令皮筏倾覆；那么中国的历史则更像是一艘大帆船在宽广平静的河面上游弋，国家这条帆船偶尔会碰上恶劣天气或者在沙洲上搁浅。

在主宰世界的过程中，中国为世界贡献了"四大发明"。其中三项——造纸术、印刷术和指南针——可以称得上伟大，因为它们给人类所带来的福祉要远远多于它们所带来的麻烦。但对于第四项发明火药，几乎没人会否认在 19 世纪烈性炸药和 20 世纪核武器发明之前，它给人类生命、文化和潜力所造成的破坏和伤害几乎比任何其他物质都要严重。

西进
火药先被传入印度，然后传播到近东地区和欧洲。

西方的炼金术士关心的主要是如何能点石成金，而在中国，炼丹之人则是沉迷于追求长生不老。中国人很早就认识到，人在尘世中追求富可敌国、权倾天下是一种合理的目标，但真正的成就却是找到办法永远拥有这些财富和权力。

埃及人相信通过将人制成木乃伊保存好其身体外貌，死者的灵魂在阴间可得长生。基督徒、犹太人和穆斯林选择得到灵魂的永生，躯体则可以腐败。然而中国的皇帝们却想鱼与熊掌兼得，既有无上的权力和财富，又有不惧时间侵蚀的肉体。在寻找长生不老药的过程中，中国人试验了无数的元素和化合物，其中，他

小心脚下
早期中国火药雷或火药弹。

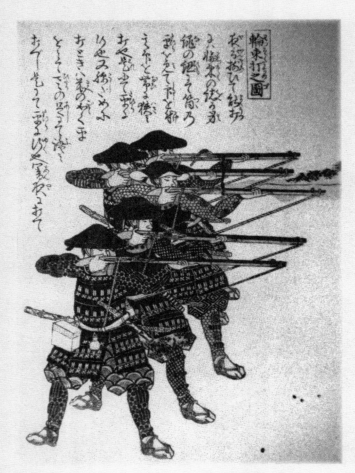

们发现火药的三种成分——木炭、硫磺和硝石——组合起来具有爆炸作用。他们不仅没找到延长生命的方式，反而成功创造了一种大大杀伤无数人生命的物质。

中国的秘密武器

尽管中国人拥有科技优势，并且建造了长城来保护帝国脆弱的北部边境，抵御来自中亚的入侵者，但他们在第一千年里却不断受到北方和西方蛮夷的侵略，并在蒙古人入主中原，建立元朝（1271—1368）时期达到顶峰。

最初，火药的发现保护了过着定居式生活的农耕民族免于外侵游牧民族的威胁。中国的方士大约是在9世纪寻求长生的过程中发现火药配方的，他们所采用的办法常常是点燃自己的纸木结构房屋。最初的火药混合物被称为"黑火药"，含有高比例的木炭和硫磺，但硝石的含量要少得多。黑火药燃烧很剧烈，但不会爆炸，适于结合天然树脂、油脂和植物制作成燃烧弹，被中国人借助投石机从城墙后攻击城外骑兵。

拜占庭帝国利用沥青和石油制成的燃烧弹，保护其城池免受机动灵活的阿拉伯和中亚侵略者的入侵。与之相似，古代的

火力
火药武器的出现改变了战争的形态。

硝石这一（火药的）关键成分是由中国古代炼丹术士分离出来的。但颇具讽刺意味的是，他们的目的是寻求能令身体长生不死的化合物。硝石出现于宋朝的配方中。而这些配方也出现在了更古老的炼丹工作中。严格意义上的火药似乎最早出现在1044年的中国，并在之后三个世纪经由目前尚未确认的路线逐渐传播到西方。

——《希腊火与火药的历史》（1960），詹姆斯·帕廷顿著

中国人也研制出了一系列使用黑火药的武器，如火药箭和最早的水雷、地雷。其中火药箭既可以用弓一支一支地发射，也可以用最早的火箭发射筒同时射出一簇。10世纪后期，中国的能工巧匠发明了后世所有火药武器和火炮的远祖——"火枪"（或称"火矛"）。世界上第一支"枪"长约12英尺（约3.7米），是一个捆在长矛上的纸筒喷火器。借助自己掌握的铸铁技术，中国人很快用铸铁取代了纸筒，铁筒中可以装入金属、陶器碎片或者有毒的含砷弹丸，点火后喷射出去。

通过改变黑火药的配比，加入更多硝石，铸铁式火药武器能够取得更远的射程。到12世纪，中国人已经造出了真正的大炮。这些大炮的铸造材料起初是青铜，后来改为生铁。早期的大炮造型类似底部加厚的花瓶，通过炮口装弹。粗大的金属炮筒内部装有密实的弹珠和火药，大炮尾部则留有供引信使用的小点火孔。1285年左右，中国出现了可手持的火炮。但这把世界上最早的"手枪"并不像现在的手枪一般小巧，可以放进女士手提包或者汽车储物箱。它长约1英尺（约30厘米），重

烟火璀璨

焰火是火药唯一一种和平用途。

虽然火药的革命具有十分重大的意义，但它并未能给过着定居生活、教化程度也更高的汉族人带来稳定的优势。就像是居住在罗马帝国边境上的野蛮人一样，中亚游牧民族逐渐从汉族那里学会了更加先进的知识。可惜的是，他们所学会的并不是文明与和平，而是火药技术的秘密。

13 世纪，蒙古人入主中原，建立起东起中国，西至拜占庭，横跨大半个欧亚大陆的庞大帝国。蒙古骑兵一路西进，击败了沿途所有国家。但在欧洲，拜占庭军队成功阻断了蒙古人的进攻。广袤无边的蒙古帝国促进了技术由西至东的传播。最终，火药在十四五世纪传入了近东地区和欧洲。

西部荒野

15 世纪的西欧群国林立，由 500 多个国家组成，包括众多神圣帝国、王国、公国、公爵领地、宗教国家和独立城市等，战乱不断。面对一个征服了世界的超级大国，西欧的下场本来只有一个，那就是被彻底吞并。但是蒙古人的战争机器在大举吞并了中国、印度北部以及各穆斯林国家后，在地中海停下了继续扩张的脚步。君士坦丁堡拥有坚不可摧的城墙，可以抵御蒙古人的任何武器，即使是中国人发明的火药也不例外。西欧各国蜷缩在这城墙之后，躲过了蒙古人的侵略。

通过与蒙古人和伊斯兰教国家接触，欧洲人获得了火药武器，并很快开始进行改进。德国人在 15 世纪后期研制出了弹药前装火绳点火式滑膛枪。由于欧洲各国自 12 世纪到 20 世纪彼此之间战乱不断，军事技术的发展一直很受重视。随着轮簧式和更为可靠的燧石式点火技术的发展，其他投掷式武器迅速落伍。火药技术不仅改变了海战，也改变了陆上的围城式战术。

15 世纪以前，城墙几乎可以抵御包围军队投掷的一切武器。君士坦丁堡的幸存便是得益于古罗马人所修建的双层城墙和护城河。直至奥

老难题

火药曾有一个顽疾，就是如何保持干燥。

斯曼土耳其帝国研制出大型的远程攻击大炮，才打破君士坦丁堡城墙坚不可摧的神话。

在大探险时代，火药武器连同钢铁给西欧国家带来了极大的优势。我们在黄金一章看到，它使得欧洲冒险家仅凭小股力量就征服了新大陆上最先进、人口也最多的帝国。18 世纪的英国疆域狭小、人口稀疏，而且资源匮乏，地处欧洲边缘，但它却凭借火药武器称霸了全世界。

氯化钠
Salio

类型： 矿物盐
来源： 海水蒸发物以及岩盐沉积物
化学式： NaCl

○工业
○文化
○商业
○科研

氯化钠对生命和文化起着至关重要的作用，但现代人早已忘记了它在早期文明的发展中所扮演的角色。氯化钠的产地和矿区是许多道路、港口和城市的发源地。现代食品生产商在加工食品中添加了过量的食盐，严重影响了人类健康。可在历史上，食盐曾是食物保存所必需，以至于被人们拿来当货币使用。20世纪早期印度独立过程中，食盐亦曾扮演了重要角色。

意外的征服

莫汉达斯·甘地（生于1869年）被无数人称为"圣雄"，甚至被尊为"国父"。1948年1月30日，在刚刚取得独立的印度共和国首都新德里，甘地在进行祈祷会发言时不幸被枪杀。具有讽刺意味的是，谋杀甘地的人是一名印度教狂热分子，本应是甘地最热诚的支持者之一。这个年轻人之所以反对甘地，其中一方面原因就在于印度为了获得独立所流的鲜血，尤其是英国人的鲜血太少了。如果甘地倡导的是暴力反抗，独立必然会付出更大的代价。然而，尽管印度独立所付出的代价很少，但将印度次大陆划分为印度和巴基斯坦共和国（当时包括巴基斯坦和孟加拉国）却导致约100万人丧生。

1857年，印度民族起义（英国称之为印军哗变）爆发。这是19世纪印度土兵反抗英国统治运动中最惨烈的起义之一。之后的1858年，印度正式开始由英国直接统治。但早在一个

生命之本
氯化钠不仅仅是调味品，而且对生命和健康来说也是不可或缺的。

你们是世上的盐。盐若失了味，怎能叫他再咸呢。以后无用，不过丢在外面，被人践踏了。

——《圣经·新约·马太福音5:13》

海盐
　　传统来说，食盐是通过蒸发海水制成。

世纪之前，英国就已经开始直接控制印度次大陆。为摆脱殖民地身份获得解放，印度进行了几十年的政治运动，其中就包括1930年的非暴力反抗运动。该运动涉及的是一种再平凡不过的商品——食盐。

　　在帝国主义和殖民主义的历史上，印度成为殖民地的过程可谓不同寻常。它既不是被吞并，也不是被征服，而是被一家私营企业——英国东印度公司花了几十年时间一点点蚕食掉的。东印度公司建立于1600年伊丽莎白一世（1533—1603）统治时期，其成立初衷是为了跟东方国家进行贸易活动。起初，面对欧洲竞争对手的竞争，东印度公司可谓度日艰难。因为在当时，所谓的"贸易战"并不是双方之间恶语相向，或者针锋相对地立法，进行贸易保护这么简单，而是海军和陆军力量的全面对抗。17世纪，英国人成功击败荷兰人、葡萄牙人和法国人，在印度建立永久性基地，并与当地精英阶层建立联盟，直至取代他们，成为印度最大的外国势力。名义上，他们承认新德里莫卧儿帝国皇帝的统治，实际上却控制着印度多个省份。

　　英国人最早进入印度时，印度的统治者是莫卧儿帝国帖木尔皇帝（1336—1405）的后人。帖木尔模仿其征服世界的祖先，在中亚建立了一个帝国。1526年，莫卧儿帝国在印度北部确立了统治，并逐渐向南扩张。到18世纪早期，该帝国已经控制了印度次大陆的大部分地区。然而地域广阔的莫卧儿帝国民族成分复杂，各个省份信仰不一，既有伊斯兰教，又有锡克教和印度教。这给莫卧儿的统治者带来了难以克服的困难，并疲于维持对领土的控制。同时，他们还得应对日益强大的欧洲冒险家。

深入海底

　　死海位于以色列、巴勒斯坦和约旦交界，海拔为海平面以下1388英尺（约423米），是地表最低的地方。尽管名称带"海"字，这片42英里（约68公里）长的水体实际上是一个盐水湖。历史上，死海曾与地中海和红海相通，现在只剩约旦河汇入死海。死海的盐度高达33.7%，每升水中含有1.4公斤盐分，这使它成为世界上少数几个几乎不会淹死人的水体之一。

除了矿物质钾和镁，食盐的成分——钠和氯化物——组成了人体正常工作所必需的四种电解质。这些电解质能够维持细胞内外的渗透压平衡，保证身体组织的水分含量不致过高或过低。平衡的电解质水平还能够保证神经元或曰神经细胞发挥正常功能，在体内传递信息，使我们能够思考、感知和运动。

这些人时而代表自己，时而化身其本国政府代言人，永远都在寻求获得更高的特权和优先贸易协定，而且向来乐于借助武力实现自己的商业要求。

东印度公司巧妙地利用了印度各方势力的分歧，煽动叛变。同时他们还对欧洲其他国家势力采取军事行动。18世纪时，英国政府与这些国家之间常常爆发战争。从理论上来说，东印度公司是一家独立企业，但实际上却是英国推行帝国主义政策的工具。同时，它还不忘实现自己的商业目的。这种情况在通常情况下是无法长久维持的，而东印度公司竟然能经营长达一个世纪的时间，或许称得上是个奇迹。这种情形就好像一家大型美国企业——比如说微软——占领了某个大国，来推进其企业宗旨一样。

和中国一样，印度在古代也是一个超级大国，早在西欧之前就取得了高度的文化和科技成就。印度人跟新大陆上的民族不同，他们的技术水平并不落后，反而在众多领域处于世界领先地位。其中最具代表性的便是冶铁和火药技术。在十六七世纪，印度的军事水平要远远领先于同时期的葡萄牙、荷兰、法国和英国。1453年君士坦丁堡陷落，导致通往中国的陆路贸易被切断。于是英法等国开始驾船绕行非洲大陆前往印度港口。18世纪初，莫卧儿帝国的国力盛极一时。然而，自此以后，庞大的帝国开始步入衰退。同样的，历史学家也提出了一系列经济、思想、宗教和社会理论来解释为什么印度未能成功保持其领先

成功战术

抵制政府所售食盐是一项未经事先计划但取得了成功的策略。

于欧洲的地位。毕竟当时的印度人口众多，教育水平较高，而且还拥有丰富的自然资源。

第一次世界大战之后，印度国内反对英国殖民统治，要求地方自治或国家彻底独立的呼声日盛，英国的殖民统治一直持续到 1948 年才结束。1915 年以后，印度独立运动最主要的领袖之一就是言语温和的甘地。他为了自己祖国的独立自由事业奉献出了自己的一生。

反对暴力的斗士

那些见过年轻甘地的人肯定不会预料到他之后不凡的政治生涯。甘地出生于一个富裕的印度教家庭，种姓高贵。尽管没有取得骄人的成绩，但他在印度接受了良好的教育。中学毕业后，甘地去了伦敦学习法律，并取得了律师资格。由于他在英国并未能从同行中脱颖而出，于是他回到了印度，可是也没能找到工作。1897 年，他在南非谋得了一个职位。当时的南非被列为英国一省，社会各个方面都遵循严格的种族主义原则。白人、有色人种、非洲土著、种族混合血统者以及亚裔之间存在着森严的等级和严重的歧视。在南非，甘地不仅遭到了个人的歧视，而且也被制度歧视所伤害。这唤醒了他的政治良知。他开始组织当地印度人团体抵制政府的歧视性立法，并受印度教教义启发，逐渐形成了自己独特的非暴力不合作思想。

虽然甘地和他的追随者不断受到当局的迫害和暴力对待，甘地本人还曾多次被捕入狱，他们的非暴力立场为自己赢得了南非和英国本土自由派白人的尊重和欣赏。1915 年，甘地决定回到印度，投身印度独立运动。当时的南非当局想必曾对此感到既欣喜若狂，又如释重负。

食盐专卖

英国殖民统治期间，印度的食盐生产被英国人所垄断。

根据欧洲殖民统治的标准，英国对印度的殖民统治可以说是相当开明的。对比西班牙在美洲或者荷兰在东印度群岛（今印度尼西亚）的殖民政策，英国对印度的殖民统治尽管有着很强烈的家长式作风和种族歧视，但还是相对温和的。西班牙对美洲本土的精英阶层、宗教和文化进行了残酷压制。而在印度，英国人并没有强迫当地人改信基督教，也没有实施种族大屠杀或蓄意的种族灭绝。但在 20 世纪初以前，英国人对自身盎格鲁－撒克逊文化的优越性深信不疑，认为由自己来统治"低等"种族是天经地义的。与此同时，他们也不忘在印度同俄国人争夺政治和经济利益。

在帝国的伤口上撒盐

当甘地决定开展第一场反对英国殖民统治的大规模政治运动时，他所选择的目标令很多支持者都深感意外，而且起初也令英国当局一番窃喜。这个目标就是谴责政府垄断食盐的生产和销售。伟大的社会运动和革命活动开展讨论时，食盐可能不是一种会被人立刻提起的东西。作为一种

如辣椒和咸盐一般令男人成熟起来的难道不是他的家世、容貌、体格、谈吐、勇气、学问、彬彬有礼和品行之类吗？
——《特洛伊罗斯与克瑞西达》（1602），莎士比亚著

唾手可得的调味品，食盐可谓毫不起眼。除非餐桌上少了它，否则我们甚至都不会意识到它的存在。但食盐曾经是日常生活的必需品，因此，对它的控制、供应和课税备受各国政府重视。尽管税收从来就不受大众欢迎，但商品税大概是最遭人愤恨的。法国的盐税设立于 13 世纪，曾多次引发针对皇室的叛乱，也是 1789 年大革命的起因之一。

除了在烹饪中用来调味，氯化钠也被广泛应用于工业。但在历史上，它最主要的用途是食品保鲜剂，这在罐头和冰箱发明之前尤为重要。19 世纪早期以前，对肉类和鱼类进行腌制处理是保存这些食品的最佳方法。即便是在今天，世界各地的人们在加工肉类时还在使用氯化钠防腐。

保鲜剂

冰箱发明以前，食盐在食物保存过程中扮演着至关重要的角色。

甘地认为从经济和象征意义来看，食盐是一个理想的运动目标：不论社会阶层、种姓、信仰或贫富如何，食盐是所有人的日常必需品，每个人只有从政府那里才能合法地取得食盐。税收方面，盐税约占政府总收入的 8%。1930 年 3 月，甘地从

位于印度北部的家乡阿默达巴德出发，步行前往约 240 英里（约 386 公里）以外的渔村丹迪。行进途中，甘地烧开海水，非法煮盐，并且鼓励其他人也这么做，去购买非法食盐，抵制官盐。这场食盐进军运动迅速引发了印度国内外的关注，数百万印度人加入了运动的行列。

跟 20 世纪 60 年代美国民权运动的遭遇一样，英国当局对此的反应只有一种，就是残酷镇压。他们逮捕了甘地和其他顶替他的领导人，并将他们投入监狱。当发现这并未能终结食盐进军运动，人们还是在非法煮盐，抵制官盐时，当局被迫将成千上万公开违反食盐法的普通印度人抓进监狱。当和平示威者在一处制盐所门口聚集时，看守大门的卫兵得到命令说如有必要，可以对示威者动用武力。甘地之前则指示自己的支持者，遭遇对抗时，不要反抗，坐在马路中间即可。结果这导致那些失控的卫兵在各国媒体的注视下突然对示威者发动了袭击。尽管示威活动被残酷镇压，伤亡惨重，但甘地在道德层面大败英国人。后者不得不承认，他们早晚得给予印度完全独立地位。

自然的恩赐

甘地在教示威者如何煮盐。

燧石
Silex

类型：沉积岩内部结核
来源：低温低压变质作用
化学式：SiO$_2$

◎工业
◎文化
◎商业
◎科研

人类使用工具的历史至少有 260 万年之久。除了有机材料如兽骨、鹿角和木头，人类还学会了把一系列坚硬的石头制成各种工具。这其中最好的材料之一就是燧石——一种坚硬的大型结核状沉积岩。燧石可见于白垩矿中。史前时期以及有历史记录以后，燧石曾得到大规模开采，其中较大的燧石矿床都是现在的大型油田。与后世的材料技术不同，燧石以及其他岩石的加工技术人人都能掌握，只是加工水平不同，工具水平也不同。因此，通常认为石器时代的社会群落不具有典型的等级和阶级差别。在拥有更先进的技术为基础后社会群落才会有明显的等级和阶级。

最早的人类

对于我们遥远的原始人类祖先，我们对很多方面都一无所知。比如，我们不知道人类的直系祖先到底是某种距今 550 万年前在非洲进化而来的南方古猿，还是 230 万年前的第一批人属生物？笔者并不相信人类不同于动物，是由某个仁慈的神明用泥土施了魔法创造出来的。真实情况很简单，而且古人类学家也认可，那就是我们所发现的古人类遗迹太过稀少，而这些遗迹与最早的智人之间的历史跨度又实在是太过遥远，令我们难以完全确定最早的人类到底是谁。

根据神创论的观点，人类的历史可能有 20 万到 25 万年之久。这一点与进化论一致，不同的是，前者认为人类是由神明凭空创造出来的。而如果他们

坚硬的心
从松软的白垩矿床中可以开采出燧石。

认可主教詹姆斯·乌舍尔（1581—1656）的计算，人类历史也有可能只有短短的6016年。乌舍尔提出，前4004年10月22日这个星期六的晚上，上帝正好有几个小时的空闲时间，于是就创造出来了亚当。星期六晚上有时会过于静

寂，尤其是对于无人作陪的全能的上帝来说。当然，鉴于人类为了知道自己是不是把时间花对了才创造了时间这个概念，所以当时还没有所谓星期六或者夜晚的概念。

经过几百万年的进化，一种跟现代大猩猩相差不远的动物发展出了制造和使用工具的能力，学会了怎样获取和控制火，创造出了复杂的社交活动、语言、宗教和艺术。然而，某些信仰宗教的人却不愿接受这个令人赞叹的观念，而宁愿相信不太

石质工具

人类的石质工具开始变得先进起来。

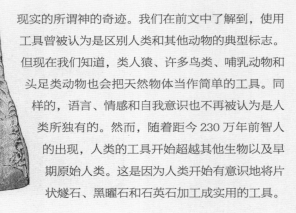

现实的所谓神的奇迹。我们在前文中了解到，使用工具曾被认为是区别人类和其他动物的典型标志。但现在我们知道，类人猿、许多鸟类、哺乳动物和头足类动物也会把天然物体当作简单的工具。同样的，语言、情感和自我意识也不再被认为是人类所独有的。然而，随着距今230万年前智人的出现，人类的工具开始超越其他生物以及早期原始人类。这是因为人类开始有意识地将片状燧石、黑曜石和石英石加工成实用的工具。

石斧
石斧使得我们的祖先可以分割猎物。

石器时代

　　"石器时代"一词有一定歧义。这是因为今天的人类在日常生活中仍然会使用石器。从某种意义上来说，人类仍然生活在石器时代。这对青铜时代一词来说也是一样的。只不过除此之外，人类也在使用许多其他材料。只是为了叙述的需要，石器时代持续了大约260万年，上下误差大约有7000到10000年。鉴于我们现在考虑某种物品是否过时的标准是以年来计的，因此很难想象某种技术竟然可以延续几百万年的时间。当然，工具的设计和种类是有变化的。从粗糙加工的石器到制作精美的斧、刀、镰，前者仅能略微体现其功能，而后者一眼就能看出是经过加工的物品。黑曜石一章提到，石器时代可以说在某些

采集狩猎者
石箭和石矛令人类在狩猎时占据优势。

早期的采集工具由木头或骨头制成，中间插有锋利的燧石刀刃。之后的工具制造也会开凿或剥落石片。但人类在新石器时代制造工具时，会对过于坚硬无法开凿的石头进行打磨。人类发明了镰刀、耙子、锄头和简单的犁具来代替自己的挖掘棒。

　　——《人类学：人类的挑战》（2010），威廉·哈维兰等著

地区一直持续到有文字记录的时期。在世界上最偏远地区，那些过着狩猎采集式生活的社会群落中，虽然遇上工业文明的产品很少会有人弃之不用，但石器技术仍然代表了他们精湛的制造水平。

　　石器时代十分漫长，所以考古学家把它划分成了多个阶段，如分别发现于 18 和 19 世纪的阿舍利文化时期和莫斯特文化时期。这些名词均来源于不同石器的第一考古发现地点，但这并不代表这些地方是它们的发源地。

　　阿舍利遗址和莫斯特遗址均位于法国，但后来的研究确定工具制造起源于东非。人类远祖从东非出发，逐渐迁徙到了世界的各个角落。与此同时，石器制造技术也被传播开来。旧石器时代、中石器时代和新石器时代这三个宽泛的术语创立于 18 世纪早期，指代不同的石器制造水平。

　　1969 年，格雷厄姆·杨提出了自己对石器技术水平的划分（模式 1 到 5）。这些模式在世界各地的出现顺序都是一样的，不过时间不一定相同。从模式 1 到模式 5，石器工具的精致程度不断提高，类型也更多。在石器时代，工具的发展没有绝对的先后顺序。这是因为在某些地区，人们在进入信史时期之后仍然会使用石器工具。模式 1 的石器工具所具有的人工加工痕迹最少，一端起工具作用，另一端则保持石头的自然状态（如距今 170 万到 260 万年前的奥杜威文明）。模式 2 的石器工具拥有完整的两个面（例如距今约 175 万年前的阿舍利文明）。模式 3 的代表性工具是体积较小的刀形工具（如距今约 3 万到 30 万年前的莫斯特文明）。模式 4 的典型工具具有较长的刀刃（如距今约 41000 年到 47000 年前的奥瑞纳文明）。模式 5 的石器特点是在木柄上装上大量细石器、较小的燧石或黑曜石薄片，在工具和武器制造中采用多种材料（如距今 9000 年到 17000 年前的马格德林时期文明）。

燧石刀

　　燧石刀被用来准备肉类，采集可以食用的植物。

石墙

在欧洲某些地区，燧石仍然被当成一种坚硬耐久的建筑材料。

一视同仁的材料

有的考古学家认为人类的现代行为出现在距今约五万年前，不过赭石一章的某些证据显示，这个时间还应该再提前三万年。然而，工具制造要远远早于这个时间。最有趣的问题并不一定是人类如何发现使用石器，而是为什么几百万年来原始人一直都在使用石器，但突然有一天他们不再制造石器，竟转而制造金属工具。毕竟金属的冶炼和生产难度要大得多，而且金属工具刚刚出现的时候并不比可靠耐用的石器好多少。

在澳大利亚和美洲部分地区，直到欧洲探险家十六七世纪来到这里，这些地区才走出石器时代。以南美洲安第斯山脉地区为例，印加文明以及之前的当地文明都掌握了先进的冶金技术，有时其水平甚至领先于旧大陆（如我们在铂一章所见）。

但当地的石器文明一直延续到了 16 世纪。更先进的新技术似乎并不意味着之前技术时代的终结。在这一点上，工业时代的情况恰

战争武器

燧石刀刃也许是最早的武器。

恰相反，新技术新材料层出不穷，不断取代过时的技术和材料。

　　人类所使用的工具由石器向金属器具演变，其发展方向曾被认为是线性的，沿着既定的文明发展阶段达到相应的技术水平。但现在这一理论似乎只适用于一个地区——欧洲。而欧洲也是工具由石器发展到铜器、青铜器以及铁器这一观点的发源地。美洲所遵循的工具发展模式与欧洲有着天壤之别。第一千年期间居住在墨西哥、伯利兹、洪都拉斯和危地马拉的古典玛雅人掌握了先进的数学、天文学和历法知识，并在雕塑、绘画、制陶和建筑方面取得了惊人的艺术成就，有关其历法的书籍往往都会成为畅销书。而这一切都是在石器时代技术条件下实现的。

　　某些矿物的存在，甚至是制造金属等新材料的知识本身并不能解释为何某些文明发展出了新技术，而另一些却选择不这么做，或者说为何他们决定仍然停留在某个技术水平上。印度和中国都曾拥有得天独厚的条件开展第一次工业革命，但却没有实现。反观英国，它在自然资源和人口方面不占丝毫优势，却引领世界技术前沿长达一个世纪的时间。有观点认为，随着人类社会出现不同阶层，金属的稀缺性和提取制造的复杂性也是它令人类社会备受吸引的根源所在。

　　在新石器时代，大量地区都有最上等的燧石和黑曜石开采和贸易，这促进了第一个远距离贸易网络的形成。然而，燧石和黑曜石并不是唯一可以制成工具的石材。本质上来说，石头对所有人都一视同仁，任何人可以不花分文就得到它。但金属矿，尤其是那些用来制造锡铜、青铜和铁合金的金属矿必须通过长途贸易才能获得。金属制造过程要求有特殊技艺，因而会产生专门的金属制造工匠阶层以及拥有足够财富的权势阶层去定制以及购买金属制品。换句话说，金属是等级社会的产物。在等级社会，剩余产品由政治或者武士精英控制。不过我们在黑曜石一章也看到，冶金术并非产生复杂的等级社会的先决条件。举例来说，墨西卡和玛雅文明就在没有青铜器和铁器的情况下先行进入等级社会。

火绒箱
　　火绒箱的使用一直持续到 19 世纪。

钢
Stahl

类型：金属合金
来源：铁矿石
化学式：碳（C）含量不等
的 Fe

◎**工业**
◎文化
◎**商业**
◎科研

工业金属

　　毫不夸张地说，现代
社会是建立在钢制品上的。

　　钢铁冶炼的最大驱动力来源于军事技术。一开始，是铁匠造出了钢，制出了比青铜材质更加锋利柔韧的刀刃。不过他们并不明白其中的化学原理，即将熟铁与不同数量的碳进行合铸可以改变其性质。他们的新发现是通过不断试验、失败和经验得来的，而且他们的知识更接近于魔法，而不是技术诀窍。盔甲的制造材料曾经是青铜，但铁制盔甲的强度更高，重量更轻，不过价格也更贵。制造钢制盔甲所需的额外资源和时间改变了战争的本质。鉴于士兵额外背负了很多重量，就需要骑上马匹保持自己的机动性。这样一来，一名战士需要有足够的财富才能买得起盔甲和合适的马匹。从古典时代晚期开始，装甲较少的大型步兵部队逐渐为装甲较重的精英骑兵所取代。后者在中世纪演变成了身披闪亮盔甲的骑士。

"我们，是一支兄弟的队伍"

　　阿金库尔战役发生于 1415 年 10 月 25 日。莎士比亚从中汲取了灵感，在英国国王亨利五世（1386—1422）去世将近两个世纪之后创作出了他最激动人心的爱国戏剧《亨利五世》。在剧中，亨利五世发表了他著名的演说来激励自己的部队。阿金库尔战役发生在法国北部一片泥泞的沼泽地中，是英法百年战争（1337—1453）中的著名战役之一。虽然该战役被描绘为一场英法两国之间的战争，但冲突的起因显示，这不过是历史学家为了美化冲突而过度简化了。

　　诺曼底人是曾经居住在法国北部的维京海盗的后代。他们于 1066 年征服了英格兰。此后，由于居住在英国的诺曼底人跟法国贵族多有通婚，引发了众

多要求皇位和爵位的主张，再加上封建领主与其臣民的关系，导致凡是涉及臣服义务和领土主张的问题都变得极其错综复杂。其结果就是经过几百年的相互争斗，英法两国逐渐形成，并且两国互相为敌的关系一直持续到 19 世纪初。百年战争的具体经过并不是本章的重点。不过笔者可以向诸位读者透露的是，虽然英国取得了多场大战役的胜利，但是最终还是输掉了战争，不得不放弃对法国的领土主张。

全副武装
阿金库尔战役标志着身穿盔甲的骑士开始没落。

阿金库尔战役对于本书的意义在于铁制盔甲在战役中扮演的正反两方角色。双方部队正面对抗前夕，法国人深信自己将轻松击败英国人。亨利五世当时正率领一支 6000 到 9000 人的小股部队向北方撤退，前往由英国控制的加莱港，该港口位于法国海岸。部队中有身穿盔甲的骑士以及装备较轻、掩护骑士的弓箭手——英国长弓手。法方的追击部队大约有 12000 到 36000 人，其中包括 1200 名装备良好的装甲骑兵。他们热切

　　伟大的军队是用钢塑造的……被征服者被彻底摧毁。他们的城市被洗劫后又被付之一炬，整个国家也被荒废。某个国家发生战争时……钢的加工方法逐渐变得先进，造出的盔甲能够抵御一切已知武器的进攻。不过由于盔甲极为昂贵和稀少，情况演变成由少数武装起来的人为其人民出战。
　　　　　　　　　　　　　　——《四大军事经典》（1999），大卫·贾布隆斯基著

地想要报复英国人，雪洗之前败于英军之耻。虽然当时战争中已经有了火药武器，但在阿金库尔战役这场法式盔甲与英式长弓的对战中，火器并没有扮演主要角色。

防护 VS. 机动性

虽然我们都把身穿盔甲的骑士当作西欧和中世纪的典型形象，但重骑兵的历史其实可以追溯到古代的东方。中世纪的骑士由古罗马末期和拜占庭帝国的重骑兵直接发展而来。这种重骑兵装备有铁制长矛、狼牙棒和剑，头戴全罩式头盔，身穿锁子甲，并披有金属片制成外衣。伊朗和中亚的重骑兵是拜占庭重骑兵的灵感源泉，曾在波斯萨珊王朝和古罗马的战争中多次

金属魔法
钢刃质量的好坏取决于工匠的技艺水平。

击败罗马的步兵和轻骑兵部队。

　　在战争运算中，军事家必需衡量装甲可以给士兵带来多少防护以及人员或车辆因装甲所损失的速度和机动性。时至今日，这种运算仍然在伊拉克和阿富汗的战场上进行着。对于参与阿金库尔战役的法军来说，运算结果根本没有实现。虽然他们人数占优（最近，法军人数到底超过英军多少这个问题遭到了质疑），但战场本身被林地所包围，导致他们无法从侧翼包围装备较轻的对手，或者更好地利用自己的人数优势。英军采取了防御阵型，并在地面钉入尖利的木桩，形成屏障，保护自己免受法军重骑兵的攻击。当法国人发起第一波攻势时，重骑兵有盔甲保护，不会被英军的飞箭和十字箭所伤。但他们胯下的马匹却没有盔甲的保护。

　　这导致他们的战马要么死伤，要么受惊，法军重骑兵不得不徒步冲向敌军。然而，由于雨水的作用，战场已经变成了一片泥沼。等他们终于抵达英军面前时，已经筋疲力尽，无法战斗了。许多骑兵都摔倒在地，起不了身。一旦他们毫无防守地躺倒在地，不是被轻松俘获，就是被基本上身无寸甲的英军步兵和弓箭手所杀。法军的第二波攻势主要依靠步行，也遭遇了与之前同样的命运。法军在这场战役中大约损失了7000到10000人，其中还包括许多骑兵。而据估计，英军只损失了不

上等钢刀

　　武士刀是日本武士所携带的一种长刀，也是公认的能代表刀匠技艺的武器。在西方，剑是笔直的，有双刃。而武士刀的刀刃有轻微的弧度，仅一侧有刃。武士刀的佩带和插拔取决于其刀刃。武士将刀佩带在腰带上，刀刃向上，并且接受训练怎样将致命的拔刀和攻击动作一次性完成。从23.6英寸（约60厘米）到28.7英寸（约73厘米），不同的武士刀有着不同的长度。其独特的造型、柔韧性和足以吹毫断发的锋利程度得益于其独一无二的制作工艺。武士刀的制作要用到两种不同等级的钢——富含碳元素的高硬度钢和硬度较低的低碳钢。刀刃中心由前者制成，后者则包裹着中心，给武士刀带来的锋利边缘。武士刀的弧度并不是锻造出来的，而是淬火时在一种泥灰保护层中形成的。该保护层在刀刃处比较薄。

钢做的眼泪

　　云门的表面映出芝加哥的天际线。

到 200 人。虽然阿金库尔战役暴露了盔甲的弱点，但对军事守旧派来说，它也有光明的一面，那就是并没有显露出盔甲在战争中防御的颓势。如是，钢制盔甲后来还有所发展，而且在一战以前一直在战场上发挥着一定的作用。

钢器时代

　　自从开始熔炼铁器，工匠们就开始制造钢制工具和武器。可是他们并不明白为什么这种碳铁合金会有更高的硬度和脆性，而另外一种在具有良好延展性的同时，却又很容易就变钝。除了钢的成分，铁匠们还发现自己可以通过"淬火"这一工序改变钢的物理特性。所谓淬火指的是把烧红的刀刃浸入水或者水油混合物中。淬火的过程可以改变金属的结构，使它硬度更高，给它带来更锋利的刀刃。

　　尽管中世纪时叙利亚和西班牙的铸剑师举世闻名，但世界上最好的钢刀是日本人为自己的武士精英制造的武士刀。不过，由于日本在 19 世纪末期之前的将近 250 年里一直奉行闭关锁国政策，直到军事战术远远超越披甲剑士一对一打斗的阶段，品质卓越的日本武士刀才为世人所知。

　　人们直到 19 世纪中叶才彻底掌握了钢的生产工艺。当时，

英国、美国和德国都对其进行了完善，并因此成为工业时代的领军国家。第一次工业革命的动力来源于煤炭和铁制机器。可惜的是，铁很容易产生金属疲劳，在极端情况下会导致灾难性的后果。19世纪上半叶就发生了包括铁桥坍塌和铁轨故障在内的很多起备受关注的灾难。1856年，亨利·贝塞麦完善了"贝塞麦转炉炼钢法"，大大节约了炼钢的生产成本。

钢为第二次工业革命提供了物质基础，创造了一个由铁路、蒸汽船、汽车、机械化工厂和金属框架建筑组成的世界。虽然随着塑料和铝合金的发明，我们的材料技术已经大大进步。

但只需瞥一眼我们的生活和工作场所，我们就能明白自己在日常生活中有多么离不开钢。笔者坐着的椅子、书桌组合所用的螺钉、螺丝和螺母，书写本书所用的电脑机箱，甚至笔者的眼镜架全都是用不同的钢材制造而成。

强化钢梁
钢梁是现代建筑的主要组成部分。

锡
Stannum

类型：金属
来源：矿石和冲积矿床
化学式：Sn

◎**工业**
◎文化
◎**商业**
◎科研

人类的工业和商业史始于第一种合金——青铜。青铜时代之前，不同的人类群落之间差异很大，有的过着狩猎采集生活，有的过着游牧生活，还有的则定居下来过着农耕生活。他们相互隔绝，彼此很少有交流。青铜生产促进了跨群落贸易网络的产生，把居住在北欧的民族跟地中海和近东地区的民族联系了起来。世界上最早的海上商人是腓尼基人。他们探索了非洲和欧洲的海岸。同时，他们也是地中海地区第一个抵达传说中北欧锡利群岛的民族。

"外星人"降临

一千年前，当第一批腓尼基商人乘船抵达英国西南部的康沃尔向当地的凯尔特人购买锡时，场面就像是一只外星飞碟降落在美国一户人家的后院，向主人打听怎么走才能到白宫一样，肯定很不同寻常。历史学家曾经称腓尼基的腹地为"黎凡特"（今叙利亚、黎巴嫩和以色列等国所在的海岸地区）。黎凡特由多个独立城邦组成，其中最有名的分别是提尔海港、比布鲁斯港、贝瑞图斯港和西顿港。

与自己最大的商业竞争对手希腊相似，腓尼基人并不寻求占领大片领土，建立庞大的帝国，而是沿自己的贸易路线，在关键地点建立殖民地。他们逐渐向西迁徙，在北非海岸、巴利阿里群岛和西班牙南部建立起了根据地。而希腊人则在意大利南部、西西里岛和法国南部建立了殖民地。他们的这些早期殖民活动决定了古代世界的地理政治形势。希腊人教化了居住在意大

神秘的金属
　　腓尼基人动用一切手段对制锡秘方严加保护，甚至会为之付出生命。

利的原始部落。其中一个部落——拉丁人，建立了后来的罗马。腓尼基人则在迦太基，即今天的突尼斯，建立了自己最大的西方殖民地。

　　腓尼基人生活在一个群雄环伺的时代。他们的南边是埃及人，西边居住着迦南的许多民族，再往东就是美索不达米亚，而北方则是亚述人。通过外交和贸易手段，腓尼基人成功地在几个世纪里保持了自己的独立地位，但最终还是被波斯帝国所吞并。尽管被外来势力所征服，但腓尼基的殖民地在地中海西部地区仍然保持了独立地位，并且建立了自己的帝国。而在地中海东部地区，希腊人和腓尼基人之间的对抗也在他们的后人——迦太基人和罗马人身上延续。迦太基位于今天的北非国家突尼斯。历史上，它在意大利南部、西西里岛、巴利阿里群岛以及西班牙南部地区建立了自己的殖民地。罗马和迦太基争夺的财富之源之一就是锡的贸易，因为锡跟铜制成的合金就是青铜。

锡利岛

　　在青铜一章我们了解到，锡矿

白镴

　　历史上，除了青铜，锡主要被应用在另一种名为白镴的合金的生产上。白镴是一种质地较软的暗灰色金属，由85%—90%的锡以及含量不等的铜、锑或铅组成。这种合金的熔点较低，易于加工。虽然古典时期就出现了白镴制品，但它的广泛应用是在12—19世纪。在此期间，它被制成了餐具、刀叉、酒杯以及食品和酒水容器。白镴主要分为三类：第一类含1%的铜，第二类含4%的铅，第三类的铅含量最高，约为15%。由于我们已经认识到白镴中的铅会导致铅中毒，因此现代的白镴已经不再加入任何铅。19世纪物美价廉的玻璃容器以及瓷质餐具出现以前，白镴制品一直很受欢迎。现在，白镴已经转变成为一种装饰品原料。

锡壶

锡曾被用来制造白镴餐具。

和铜矿很少在同一地区出现，而且砂锡矿和含锡矿石也相对少见。西欧地区最大的锡矿床分别位于西班牙北部、法国西北部的布列塔尼以及储量最丰富的英国西南部地区康沃尔。在青铜时代（前5300—前3200），北欧出产的锡被传播到了地中海和近东地区。起初，锡的交易不是直接进行的，而是要经过多层中间商。这不仅拖延了锡到达最终目的地的时间，而且随着中间商的不断加价，也大大提高了成本。

　　当时腓尼基人和希腊人都在寻找北欧锡的原产地，最后，腓尼基人首先发现了康沃尔的锡矿。他们自然对自己的锡源十分保密，想要独占这利润丰厚的买卖。在罗马人1世纪征服不列颠岛之前，若迦太基的船被罗马人跟踪，船长宁可把自己的船沉掉，

康沃尔传统产业

　　从古代到20世纪，康沃尔一直进行着锡矿开采活动。

也不愿被敌人发现自己的目的地。希腊早期的地理学者大略知道锡的出产地区，但无法准确描述其具体位置。他们将这地区称为锡利岛，认为它是位于西班牙到英国之间海域上的一片群岛或者大型岛屿。

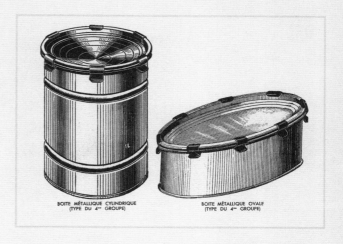

BOITE MÉTALLIQUE CYLINDRIQUE
(TYPE DU 4ᵉ GROUPE)

BOITE MÉTALLIQUE OVALE
(TYPE DU 4ᵉ GROUPE)

　　西西里的狄奥多罗斯是前 1 世纪一名活跃的古希腊地理学家兼历史学家。虽然他的论述中有很多细节没有考古证据的支持，

但他准确指出锡利岛就是康沃尔。罗马势力在地中海地区的不断扩张，导致迦太基人被排挤出了地中海西部地区的长途贸易领域。前 264 年到前 146 年，罗马人跟迦太基的北非王国爆发了三场战争。在第三场战争中，罗马军队差一点就败在迦太基名将汉尼拔（前 247—前 182）手下，后者以率领装备有战象的队伍翻越阿尔卑斯山脉的英勇事迹而举世闻名。然而，尽管在前 216 年汉尼拔在坎尼之战中令罗马军队损失惨重，罗马人最终还是赢得了战争，并将迦太基夷为平地。通过这一残酷的军事恐怖主义行为，罗马确立了之后 5 个世纪它在欧洲和北非的主导地位。

军队给养
　　锡罐头的设计目的是为军队提供给养。

贵比黄金
　　现在，锡石是一种十分稀有的矿石。

　　在贝勒姆的岬角周围居住的英国人对陌生人十分友善。而且因为他们与异族的商人交往甚多，所以也接受了文明的生活方式。他们就是加工锡的人，采用精巧的方法开采锡矿。

——《历史丛书》，西西里的狄奥多罗斯著

硫
Sulphur

类型：非金属物质
来源：天然硫以及硫矿石
化学式：S

◎工业
◎文化
◎商业
◎科研

自古以来，人类就有使用硫的传统。不过直到 18 世纪，人们才真正了解了硫本身的性质。硫用途广泛，在工业、家用、军事以及农业领域均能见到它的身影。同时，硫也是硫酸这一现代社会最重要的化学品的基本成分。

弹药兵的心头之爱
硫磺是火药和希腊火的关键成分。

炼狱之火

根据《圣经》的记载，愤怒的上帝"将硫黄与火从天上耶和华那里降与所多玛和蛾摩拉"(《圣经·创世纪 19：24》钦定本)。在英语中，硫黄（Brimstone）一词的字面意思为燃烧的石头。之所以把硫黄与从天而降的神灵之怒联系在一起，是因为在有活跃火山活动的地区会出现这种现象。而这些地区今天仍然是工业生产所用硫黄的主要开采地。历史上，西西里岛是一个重要的硫黄生产地，为第一次工业革命贡献了大部分硫。20 世纪中叶，随着石油经济的兴起，硫黄作为炼油的副产品被大量生

地球之盐
硫会在火山口周围积聚。

蛋白质

跟镁元素和钾元素相似，硫元素也是新陈代谢所必需的一种营养成分。它是两种氨基酸的成分之一，因此人体内许多蛋白质和酶都含有硫元素。同时，人体两种必需维生素——维生素 H 和维生素 B_1 也含有硫元素。这两种维生素具有修复细胞和抵抗自由基的作用。鸡蛋是最佳的膳食性硫元素来源之一。

产出来。

从前文中我们了解到，硫黄是两种燃烧型武器黑火药和希腊火的成分之一。黑火药由硫黄和木炭、硝石一起组成，最早是由寻求长生不老药的中国炼丹道士发明的，后来随火器一起被传播到了西方。希腊火则是一种易燃混合物，被古代拜占庭人拿来喷射敌方战船。这两种武器在战争中都曾发挥了巨大的作用，因此硫也被当成了一种珍贵的商品，备受各国政府和武器商人的追捧。

硫最主要的用途之一是制造硫酸，但它同时也是许多其他重要化学品的成分，在农业、畜牧业以及葡萄栽培领域被用作肥料、杀虫剂和杀菌剂等。元素硫被认为是一种天然物质，可以用于有机农业。人们把它喷洒到作物上，以避免水果蔬菜枯萎发霉，并杀死伤害作物的害虫。硫在医药领域也扮演着重要的角色。从古至今，硫一直被用来治疗皮肤疾病。而且治疗痤疮的药剂中，硫也是常见成分之一。

上帝之怒
上帝向所多玛投下了硫火雨，将其夷为平地。

酸浴

在日常生活中，"酸'字不会让人有特别正面的联想。往好里说，它能让人想到柠檬或者醋的酸味，而在最坏的情况下，"酸"字往往跟酸腐蚀和谋杀联系在一起。

有的男人难以接受自己的爱人选择跟别人在一起，会极为残忍地拿硫酸作为报复手段。虽然现在已不多见，但从印度次大陆到东南亚，这种拿硫酸令他人毁容的报道时有发生。

硫酸也被人跟谋杀联系在一起。其中最臭名昭著的就是被称为"硫酸池杀手"的英国连环杀人狂约翰·黑格（1909—

在某些版本的《圣经》当中，硫被称为燃烧的石头。它和大火一起摧毁了著名的城市所多玛和蛾摩拉。因此，硫也被称为"恶魔的元素"。
——《硫》（2007），奥布雷·斯提摩拉著

妒火中烧

被爱人抛弃后，有的人会用硫酸进行极端报复。

火神的月亮

木星的卫星艾奥表面覆满了硫的化合物。

1949）。他曾是一名职业罪犯，宣称自己杀了 9 个人。他为了偷窃受害人的财产，杀害了这些人之后，把他们的尸体放入硫酸桶中融化掉。他认为只要没有尸体，自己就不会被认定有杀人罪。可是尽管他毁灭了受害人的尸体和大部分犯罪证据，但他没有办法销毁所有证据。在一个硫酸桶底部的人体残留物中，警察发现了一部分假牙，并认定这属于其中一名受害人。对黑格的审判是 20 世纪最轰动的审判之一。法官判定黑格杀害了 6 人，并把他送上了绞刑架。

另外一种"酸"字的负面概念跟酸雨有关。人类在 19 世纪中叶才发现了酸雨现象，但直到 20 世纪最后 20 多年，得益于环境保护者对酸雨给森林、湖泊以及河流造成的有害影响进行的广泛宣传，这一现象才成为一种备受关注的环境问题。除了会伤害动植物，酸雨还会破坏金属结构物、石灰岩和大理石建筑物。石油燃料，尤其是汽油燃烧所导致的人工排放的二

氧化碳、二氧化硫以及氮氧化合物是酸雨形成的最主要原因。2006 年一份报告指出，主要依靠火力发电的中国大约有三分之一领土受到了酸雨的侵害。而发达国家通过严格的排放控制，给汽车安装催化转化器、采用核能、天然气以及可再生能源，其酸雨严重程度得到了极大的改善，令之前遭到破坏的湖泊、河流和森林恢复了生机。

高原

古代的硫元素沉积物给玻利维亚的阿塔卡马沙漠染上了点点黄色。

硫酸很忙

早在古典时代和中世纪，人们就认识了硫酸。但在第一次工业革命期间出现了许多革命性的硫酸生产方法，在提高产量的同时降低了其生产成本，因而硫酸的应用领域大幅增加。硫酸产品有不同的浓度，适用于不同的工业领域。浓度最低的被称为"稀硫酸"，硫酸含量为 10%。其次是"电池酸"，硫酸含量为 30%。最高为"浓硫酸"，其中的纯硫酸含量为 95%—98%。硫酸的主要用途之一是生产磷肥。工厂采用 93% 浓度的硫酸溶液处理磷矿石，释放其中的磷元素。其他还包括炼铁、炼钢、炼铝、尼龙等人工纤维的生产、造纸、炼油、印染和废水处理等。

萨里浴盐

十七八世纪的时候，位于伦敦郊区萨里的埃普索姆是一个很受追捧的温泉小镇。时髦的伦敦人都会跑到这里来洗温泉，喝泉水，参与社交。根据当地传说，一个农民通过自己的奶牛发现了矿物质丰富的埃普索姆泉水具有神奇的功效。经加热蒸发后，泉水会产生一种被称为"泻盐"的硫酸镁残留物。泻盐被认为有益于皮肤和缓解疼痛，现在主要添加到洗浴用品当中。

滑石
Talq

类型：变质矿物
来源：变质岩
化学式：$Mg_3Si_4O_{10}(OH)_2$

◎**工业**
◎文化
◎商业
◎科研

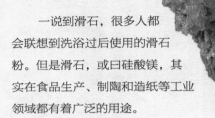

滑石块
　皂石是滑石的来源之一。

一说到滑石，很多人都会联想到洗浴过后使用的滑石粉。但是滑石，或曰硅酸镁，其实在食品生产、制陶和造纸等工业领域都有着广泛的用途。

救救孩子

在医学领域，尿布疹并不是最令人痛苦的疾病（当然，对婴儿来说除外），在公共卫生领域并不会引来太多关注。但在19世纪，西欧和美国城市人口产生了爆炸性的增长，众多无家可归的农业工人进入城市中的新工厂工作，导致儿童的健康状况极度恶化，婴儿死亡率骤然上升。19世纪中叶，如果你的父母是工人，你能活到1岁生日就很幸运，要是能见到5岁生日就更有运气了。儿童死亡率的高企将城市工人阶层的平均寿命拉低了20岁。

恶劣的卫生条件、拥挤的居住环境和不洁净的饮用水引发的传染病是大部分儿童的死亡原因。营养不足又令这一情况雪上加霜。儿童时期有幸没被感染的人很多都会死于工伤或职业疾病。因此，19世纪末期，工人阶层家的孩子命运大都比较悲惨。尿布疹一类的疾病表明婴儿看护的卫生标准很低。虽然今天针对尿布疹引发的感染我们已经有了很有效的治疗方法，但在抗生素和氢化可的松发明以前，此类感染会引发严重的并发症。没有有效的疗法，只能采取预防的方法。

享受舒适与干燥

美国最早的批量生产尿布出现在1887年。在此之前，人们使用的婴儿尿布材料五花八门，不管多么难于保持清洁合身。20世纪40年代，欧洲和北美第一次出现了纸尿布。而在此之前要想避免尿布疹，只能频繁给孩子换洗尿布。尽管如此，恶

滑石粉和毒品

2010年利物浦约翰摩尔斯大学公共健康中心发布的一份报告指出，滑石，或者滑石粉是一种常见的用于毒品掺假的膨大剂。被发现掺入滑石的毒品包括安非他命、甲基苯丙胺和二亚甲基双氧苯丙胺（摇头丸）。其他研究也发现可卡因以及假冒合法药品当中也被人掺入了滑石成分。虽然滑石外用被认为是安全的，但作为食品添加剂，滑石被吸入后会导致肺部发炎和感染，而且滑石已被证实会导致某些类型的癌症。

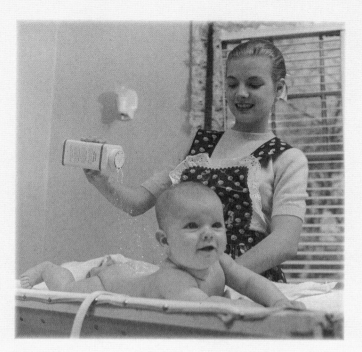

劣的卫生条件和稀少的尿布更换次数意味着尿布疹会导致更加严重的感染。1894年，当时还是制药公司的美国强生公司生产出了它的第一款婴儿专用产品——儿童爽身粉。这是一种滑石粉产品，可以吸收多余的水分，减少皮肤和尿布之间的摩擦，降低尿布疹的发病率。虽然不像能降低儿童死亡率的疫苗那样具有革命性，婴儿专用产品的出现表明社会对照料婴儿的态度发生了巨大的改变。

　　神经位于婴儿皮肤下方，是婴儿身上最脆弱的部分。舒适的皮肤能帮助纾缓神经。万千妈妈已经发现，使用强生牌婴儿爽身粉能令婴儿的皮肤舒爽、柔软，免于皮肤瘙痒发炎。

——1921年强生牌婴儿爽身粉印刷广告

钛
Titanium

类型：过渡金属
来源：火成岩和沉积岩
化学式：Ti

◎工业
◎文化
◎商业
◎科研

虽然早在 18 世纪人们就发现了金属元素钛，但由于提炼难度大成本高，直到 20 世纪中叶以前，钛一直是实验室里的稀罕物。二战以后，由于钛的强度重量比优于钢合金，是一种理想的钢合金替代物，在航空航天领域广泛应用。

太空竞赛金属

1957 年 10 月 4 日，美国公众十分震惊地得知自己在二战以后最大的意识形态和军事对手苏联已经成功地将第一颗人造卫星"斯普特尼克 1 号"送入了地球轨道。根据后世的航天器标准，"斯普特尼克 1 号"的结构相当简单，不过是一个金属球中装了个电池驱动的无线电发射机。虽然如此，作为地球轨道中的第一颗人造卫星，它预示着更大、更好或许也会更坏的事物的到来。"斯普特尼克 1 号"的防热罩材料中分别含有铝（93.8%）、镁（6%）和钛（0.2%）。

比起本书中的大部分元素和矿物，钛的发现时间是相当接近现代的。虽然人类在 18 世纪末期就分离出了钛元素，但直到 19—20 世纪之交才掌握其生产方法。可是，该方法非常费时，成本高昂，产量也很低。就像是 19 世纪中叶的金属铝一样，当时的金属钛只用于实验室研究。由于过于昂贵和稀少，没有任何实用价值。1940 年，终于出现了克罗尔法，实现了钛的大批量生产，并将其成本降低到相对可以承受的水平。

第二次世界大战见证了以德国为先驱的火箭和导弹技术的兴起，以及英德两国发明的第一代喷气式飞机的发展。战后，美国和苏联立刻接手了火箭和导弹技术的相关研究。而胜利的盟军各国也开始在民用和军用领域开始使用喷气式飞机。这些进

现代金属
钛金属是 20 世纪才出现的。

步使得钛成为一种相当受追捧的材料。因为比起钢来，它不仅强度更高，重量也更轻。苏联走在开发钛金属和钛合金的前沿，将其应用在自己的航天项目和核潜艇制造领域。

　　1961 年 4 月，苏联再次实现了一个航天领域的第一，将"东方一号"航天器——也是一颗钛金属航天器——和宇航员加加林（1934—1968）送入了地球轨道。由于苏联在太空领域领导地位看似难以撼动，美国总统肯尼迪（1917—1963）宣布本国要在 1970 年代以前把人类送上月球。太空竞赛的大幕随之正式拉开，竞争的主题就是航天器。这使得对钛的需求不断增加。即使没有钛金属，阿波罗计划可能也能实现登月目标。但所耗费的时间想必会更久，事故也更多。从 1970 年代开始，每个大型航天器，包括苏联的"联盟号"、美国的航天飞机、探索太阳系行星的无人探测器以及国际空间站，在结构和发动机部件方面都采用了钛材料部件。

无敌金刚

　　在 20 世纪 70 年代的美国电视剧集《无敌金刚》中，男主角岳史迪在经历了一场空难后接受了肢体改造，植入了左眼，安上了新的右臂和双腿，拥有了超能力。不过，影片并未交代这些假肢的制作材料。虽然 1970 年代的时候，电视剧中所描述的技术都是科学幻想，但随着最近医学、电子和材料科学的发展，或许我们离实现岳史迪的超能力已经不再遥远，只不过到时候成本想必要比岳史迪的更高。得益于良好的强度、生物惰性和耐腐蚀性，钛（或者钛铝合金以及钛铝钒合金）被人们拿来修复或者取代受损骨骼和关节，还被拿来制造心脏瓣膜、起搏器和假牙。

神秘来客

　　2002 年 9 月，一名天文爱好者在地球轨道中发现了之前一个未被发现的天体。该天体被命名为 J002E3。起初人们以

泰坦之石

钛元素是德国化学家克拉普鲁斯用希腊神话中大地之子泰坦（Titan）的名字来命名的。

高科技镀层

古根海姆博物馆位于西班牙毕尔巴鄂，其建筑表面覆有一层钛合金。

为它是一颗小型岩态小行星。可是对于一个天然天体来说，J002E3 的运行轨道完全不正常。因此天文学家认定它肯定是在不远的过去从地球发射出去的一架航天器。然而，这一结论同样带来了问题，那就是过去十年中，没有任何发射物跟 J002E3 的大小和轨道相符。对 J002E3 的光谱分析显示有白色二氧化钛（TiO_2）的存在。二氧化钛是生产家用白色涂料的颜料之一。跟元素钛相似，二氧化钛这种化合物也是一种新生事物，发现于 1821 年。由于难以大批量生产，而且成本高，因此二氧化钛的实际用途并不多，一直没有走出实验室。尽管如此，科学家注意到，它有着很高的遮光性和白度，其折射指数甚至比钻石还高。直到 1916 年，通过将二氧化钛与另一种白色颜料——氧化锌结合，挪威泰坦公司和美国钛白粉公司才分别成功实现了二氧化钛油漆的商品化。1921 年，第一种绘画级别的钛白颜料问世，取代了有毒的含铅同类产品。

现代的防晒化妆品也利用了二氧化钛的高折射率，其中通

最高机密
美国钛 X-15 航天飞机。

金属钛和钛合金广泛应用于飞机、喷气机、直升机、导弹、航天飞机和人造卫星的制造。这些产品必须能够承受发射、飞行、进入轨道、落地……时产生的巨大压力。以波音 777 型飞机为例，该飞机的钛金属含量约为 58 吨。而世界上最大的商用飞机——A380 空中客车的钛含量约为 77 吨。

——《钛》（2008），格雷格·洛萨著

常还加入氧化锌以及其他能够吸收紫外线的化合物。皮肤敏感人群专用的高防晒指数产品采用的是三氧化钛，这是因为与其他化学成分相比，三氧化钛不易引发皮肤过敏。

要说某个路过地球的外星飞船突发奇想，决定把一个小行星刷白或者给它喷上防晒霜，应该是不太现实的（虽然对某些 UFO 狂热者来说，这事的可信度跟麦田怪圈差不多），所以科学家开始研究比这更早发射的航天器以及有可能使用二氧化钛粉刷过的运载工具。最后他们确定，J002E3 原来是美国国家航空航天局阿波罗 12 号中美国土星五号火箭的第三级推进器。阿波罗 12 号是第二次人类登月任务，于 1969 年 11 月飞离地球。第三级火箭推进器本应进入太阳轨道，但第一次跟指令舱和登月舱分离的 33 年之后，它一定是又误飞回了地球轨道。J002E3 一直在地球轨道内飞行到了 2003 年 7 月，也许 30 年后，它会再次回到地球。

钛与自行车

作为一名自行车爱好者，笔者知道重量在自行车比赛当中是一个重要因素。传统自行车架为钢制，在具备高强度的同时，仍保留了一定的弹性。公路自行车的比赛场地是平滑路面，因此车架重量没那么重要。但由于山地自行车需要应对恶劣的地形条件和反复的颠簸，这一点就变得不容忽视了。然而钢的比重较大，暴露于水和空气当中后容易产生锈蚀。而铝虽然重量较轻，但质地不够坚固。虽然将钢制成合金可以减轻重量，但近年来，高端竞赛自行车生产商有了一种新的选择——钛制车架。钛制车架的强度很高，但重量比钢要轻很多，而且在某些管道位置的直径要比钢制车架粗很多，因此很好辨认。尽管钛制车架的性能毫无疑问要大大优于钢制和钢合金车架，但也有缺点，那就是难于加工，价格也更高。

铀
Uranium

类型：锕系金属元素
来源：矿石
化学式：U

◎工业
◎文化
◎商业
◎科研

20 世纪 40 年代，整个世界刚刚走出大萧条的阴影。若不是因为战争的迫切需要，核武器和核反应堆不会那么早就被开发出来。光开发成本就足够令开发计划搁浅了，更不必说结果能带来什么还非常不确定。我们在钚一章了解到，尽管毁灭长崎的原子弹"胖子"被投下之前经过了十分成功的实际试验，但在它之前几天被投放在广岛的铀弹"小男孩"并未进行过实际试验，而且造成更大伤亡的也是"小男孩"。为了阻止核武器在世界范围内的扩散，消除公众对核战争的隐忧，美国前总统艾森豪威尔在 1952 年启动了和平利用原子能计划。

通往曼哈顿计划之路

通过曼哈顿计划，科学家成功研制了出世界上第一批核武器。然而，在历史和科学领域，实现曼哈顿计划所走过的道路其实并不漫长。人类直到 19 和 20 世纪之交才发现原子结构和放射性的存在。1895 年，德国物理学家威廉·伦琴（1845—1923）发现了 X 射线，首次揭示出某些物质能够放射出未知形式的能量。1896 年安托万·贝克勒尔（1852—1908）在研究磷光现象时把一份铀盐样品放到了感光片上，发现感光片上铀盐接触过的地方都变黑了。他将这一现象记录了下来，成为世界上最早的有关放射性的记录。最后，在 1898 年，玛丽·居里（1867—1934）和自己的丈夫皮埃尔·居里（1859—1906）成功分离出两种放射性元素——钋和镭。接下来的几十年中，物理学家发现了放射性衰变过程。在该过程中，一种元素通过放射或者捕捉亚原子粒子转变成为另一种元素。

到 20 世纪 20 年代，理论物理学家已经开始讨论通过人工核裂变实现

铀浓缩
天然铀必须经过浓缩才能用于核武器。

致命蘑菇云

核弹爆炸之后，日本广岛上空悬浮的蘑菇云。

人工分裂原子的可行性。然而并不是所有人都相信这一点能实现。1932年，爱因斯坦（1879—1955）仍然主张核裂变（也就是说核武器以及核反应堆）是不可能实现的。两年以后，意大利物理学家恩里科·费米（1901—1954）差点就证明了爱因斯坦的错误。他当时在罗马用铀进行试验，但却错过了观察到核裂变现象的机会。这一殊荣最终被两名德国科学家——奥托·哈恩（1879—1968）和弗里德里希·斯特拉斯曼（1902—1980）所分享。1938年，他们二人进行了中子撞击铀实验，确认了核裂变现象的存在。他们展示出，核裂变一旦被触发，就会通过连锁反应继续下去。个中原因就在于一个原子核的分裂会产生更多中子，而这些中子则令分裂过程继续下去，直到所有燃料都被耗尽。这证明核裂变可以给核反应堆提供动力，产生能量，但也说明核裂变具有爆炸能力，可以瞬间释放铀原子核中蕴含的巨大能量。

哈恩、斯特拉斯曼和费米的研究本来能令纳粹德国及其盟

> 这种新现象（铀元素的核裂变）也可以用来制造炸弹。可以想象——虽然不是很肯定——一种威力惊人的新型炸弹有可能因此被生产出来。这种炸弹，只要拿船装上一枚送到某个港口，就能把整个港口及其周边范围完全夷为平地。
>
> ——摘自爱因斯坦（1879—1955）1939年8月2日写给时任美国总统富兰克林·罗斯福（1882—1945）的一封信

友意大利赶在盟军之前掌握原子弹技术，进而改变第二次世界大战的进程和战后的历史。

但对全世界来说都很幸运的是（虽然对涉及的科学家来说并不一定如此），阿道夫·希特勒（1889—1945）的种族主义思想导致他开始迫害德国和奥地利的犹太人。而墨索里尼（1883—1945）也在意大利推行了同样的政策。这使邪恶轴心丧失了掌握核武器的机会。许多德国、奥地利和意大利核研究领域的顶级物理学家要么是犹太人，要么对希特勒的反犹太人政策极为恐惧。为了逃脱被关闭或者死在集中营的悲惨命运，许多物理学家追随爱因斯坦的脚步，流亡到了英国和美国。

1939年8月，欧洲宣战的前夜，爱因斯坦修正了自己对核武器可行性的观点，和另外一些顶级物理学家上书给时任美国总统富兰克林·罗斯福，警告他纳粹德国正在研制核武器，敦促美国也进行研制。虽然直到1941年12月日本袭击珍珠港之后，美国才正式参战，但早在同年6月，罗斯福就签署命令，创立了相关的研究项目，这些项目演变成了后来的曼哈顿计划。

通往广岛之路

如果说人类发现核裂变现象所耗费的三十多年时间不算长，那么美英加三国成功研制出核武器仅仅用了四年时间则反映出盟国对曼哈顿计划投入了多大资源。三国参与的大学、军事科研中心以及私人企业多达几十家。研究主要在美国的三个核反应堆所在地完成，分别是田纳西州东部城市的橡树岭、伊利诺伊州的阿尔贡国立实验室以及华盛顿州的汉福德。其武器基地则位于新墨西哥州的洛斯阿拉莫斯。曼哈顿项目耗费的预算为20亿美元，这在当时可

一次性产品
起初，浓缩铀的数量只够生产一枚炸弹。

原子分裂理论家们

以爱因斯坦为代表的发现原子弹原理的物理学家。

谓是天文数字，动用的人员则高达 13 万人。最终，该项目成功在 1945 年之前研制出两种类型的核弹。

然而，由于无法浓缩出足够的符合武器等级的铀原料量（70 年后的今天，伊朗人遇到了同样的难题。他们正在自己境内的地下工事和核设施中实施自己的"曼哈顿计划"），由铀 235 制成的"小男孩"在使用前无法进行实际试验。不像后来的原子弹，"小男孩"的设计中并没有自动防故障装置。任何因素，如雷击，都有可能触发核反应。它是一枚采用了"枪式"设计的裂变式原子弹，将一块低于临界质量的铀 235 作为炸药射入空心管中的目标铀 235 引发核子连锁反应。其中的关键就在于保持两部分铀原料互相分离，并且处于低临界状态，以防炸弹过早爆炸。

无裂变能力

铀 235 具有裂变能力，而天然铀中铀 235 的含量只有 0.7%。

战争初期取得一系列胜利之后，日本 1941 年成功偷袭珍珠港，并在次年侵占菲律宾和新加坡。此后，战场形势逐渐发生了转变，向不利于日本的方向发展。当时的日本军队同时在太平洋、中国和东南亚三个战场上作战，处于战线过长的状态。珍珠港事件之后，美国的全面参战意味着日军迟

绝密

　　连对天然铀进行浓缩的工人也不知道自己的工作到底是什么。

早会因兵力枯竭被迫撤回本土。但由于美国也是同时在欧洲和太平洋多个战场作战，盟军耗费了三年时间，付出成千上万的生命才成功地把日军逼回本土。惨烈的硫黄岛战役（1945年2月到3月）和冲绳之战（1945年4月到6月）令美国人意识到，日本人宣称将战至最后一人乃至妇孺的话并不是在虚张声势。

　　1945年4月希特勒自杀身亡，苏联红军攻占德国，标志着欧洲战事的结束。在德国方面，由于战争是由纳粹发动的，因此随着战争的终结，纳粹政权也随之倒台。而日本拒绝了盟军1945年7月发表的波茨坦公告。公告要求日本解除武装，并保证日本将保留对本国领土的主权。

　　美军认为，日本拒绝接受波茨坦公告将使战争持续更长的时间，盟军亦将因此付出更大的伤亡代价。为避免这种情况的出现，只能对日使用原子弹。由于日内瓦

　　随着炸弹在广岛爆炸，我们看到整座城市都消失了。我在自己的日志中写道："上帝啊，我们这是做了些什么？"

　　——罗伯特·刘易斯上尉（1917—1983），向广岛投下原子弹的 B-29 轰炸机副驾驶

天然核反应堆

大部分人都能正确地认识到核反应堆是一个高度复杂的机械装置，不是随便一个巧合就能造出来的。举个例子来说，这跟人不能指望大自然自己造一台等离子电视出来是一个道理。不过1972年，人们在西非国家加蓬发现了多达16个天然核反应堆。只不过大自然所创造的并不是什么带有完善烟道和控制室的建筑物。距今170亿年前，地下水淹没了当地铀235含量极为丰富的地下矿床，引发了核链式反应。这些核反应堆产生的热量烧干了地下水，核反应也随之中断。而当这里再次充满地下水，反应又重新开始。地理学家估计在亿万年的时间里，这些反应堆一直在断断续续地发生反应，直到不再有足够的铀235燃料来维持其反应。这种事今天还会发生吗？答案是否定的。170亿年前，铀矿石中铀235的含量为3.1%（大约和人工核反应堆的燃料相同）。但现在，由于速度相同的放射性衰变过程，这一数字已经下降到了0.7%，根本不可能自然引发核裂变。

公约中保护非战斗人员的相关条款是战后1949年才开始生效的，因此当时美国向广岛和长崎投放原子弹的行为并未违反任何国际法。两枚原子弹投放时分别在广岛和长崎造成了7万人和4万人死亡，而且接下来几个月中有更多人因受伤或受辐射而死。然而，单从原子弹所造成的总破坏和死亡人数来看，它们与战争末期盟军投放到日德两国的传统炸弹和燃烧弹相当。这种新武器真正可怕的地方在于其爆炸之后几十年仍能不断造成死亡。截至2011年8月，官方数据显示原子弹爆炸直接导致的死亡人数已经攀升至43万人。

玉

Venefica

类型： 变质岩
来源： 硬玉和软玉
化学式： 硬玉为
$NaAlSi_2O_6$，软玉为
$Ca_2(Mg \cdot Fe)_5Si_8O_{22}(OH)_2$

◎工业
◎文化
◎商业
◎科研

都是玉
上图：美洲硬玉
下图：亚太地区软玉

　　玉指的是两种外观相似的亚宝石矿物。一种是软玉，出产于亚太地区。另一种则是硬玉，出产于中美洲。本节的重点是硬玉，特别是第一千年最神秘的文明之一——古典玛雅文明所创造的诸多硬玉艺术品。对玛雅人来说，玉象征着忠诚和永恒的生命，因此他们的国王生前身上会佩戴玉饰，死后也会用玉制品围绕自己。

地球人？外星人？

　　古典玛雅人在3世纪中叶到9世纪居住在墨西哥南部、危地马拉、伯利兹以及洪都拉斯地区。尤其让人们感到惊奇的就是他们的习俗、服装和信仰，就好像是来自其他星球的生命一样。即使从外貌来看，他们也跟自己的邻居不太一样。拉长头颅是玛雅上层人物的传统。他们从小就用木板夹住脑袋，好把头颅拉长。鉴于古典玛雅人的种种特异之处，有人提出外星人才是玛雅文明和他们先进天文知识水平的真正创造者。虽然这听起来好像是没什么恶意的天方夜谭，但毫不亚于说玛雅文明是跟亚欧文化碰撞的产物，这就带有对玛雅文化的不恭了。

　　19世纪中叶，当有关古典玛雅城市的报告和图片为北美和欧洲国家所知时，许多人都不肯相信一个美洲的土著民族居然能够独立创造出这么发达的文明。当时，人们并未从外星人角度寻求解释玛雅文明的发达原因，而认为玛雅文明是源自欧亚文明的贸易者或者殖民者，即源于美索不达米亚人、以色列人、腓尼基人、印度人，尤其是以其金字塔和楔形文字闻名于世的古埃及人。虽然表面上有一定道理，毕竟这两大文明之间

石偶

　　在整个中美洲都可以看到玉石雕像。如上图中的奥尔梅克文化玉雕。

绿石之水

　　新西兰的毛利人称当地的南岛为 Te Waipounamu，意为绿石之水或者绿石之地。Pounamu 一词现在指的是绿色的软玉，但在古代指的却是好几种坚硬的绿色石头。毛利人将 Pounamu 制成各种工具、武器和装饰品，形成了毛利民族的重要文化遗产。银蕨叶是一种常见的南岛玉石纪念品，外形为新西兰国花银蕨，象征着新生以及夫妻和亲子之间的情感纽带。另一种很受欢迎的传统 Pounamu 制品造型是鱼钩，代表着兴旺与繁荣。当地人民以富饶的渔业资源为生，他们相信佩戴玉石制成的鱼钩能保护自己出海航行时的安全。

有着明显的相似性，两者都创造了石制浮雕，浮雕上都刻着身为神明的国王和诸神，周边都刻有象形文字，也都建造了雄伟的宫殿和金字塔。然而，只要粗略对比一下二者的书写系统、建筑和艺术风格就能发现，这两大文明之间根本没有任何联系。

　　古埃及跟古典玛雅之间还有一点重要的不同之处，那就是古埃及人跟许多其他欧亚文明一样，视黄金为最宝贵的矿物，使用大量黄金作为法老的随葬品；而玛雅人直到后古典时代（6世纪—9世纪）才开始使用黄金。他们最看重的是玉石。和玛雅人一样，古老的中华文明也对玉石推崇有加。二者都使用玉石制造了大量的宗教和装饰性物品，而且玉石在这两种文明的丧葬习俗中都扮演着重要的角色。然而，就笔者所知，虽然在信史时代以前，东亚是欧亚大陆离美洲最近的地方，而且美洲

金缕玉衣

中国古代封建王侯死后身穿的金缕玉衣。

最早的定居者就是在距今两万年前通过阿拉斯加大陆桥来到了美洲大陆，但这两大文明从未有过任何关联。

被抛弃的世界

要想令一座城市消失并不是一件简单的事情，除非这城市能像意大利南部的罗马古城庞贝一样，突然被几百万吨火山灰和浮石所埋葬。庞贝消失之后，根据诸多拉丁文记录，人们知道这座城市的位置，也了解那里曾发生了什么灾难。欧洲和北美的学者及探险家曾说古代玛雅城市是"失落的"城市，后来又被"重新发掘"。这种说法其实是非常牵强的。早在殖民统治的初期，西班牙殖民者就知道了包括墨西哥的帕伦克古城和洪都拉斯的科潘古城在内的好几处古典玛雅遗址。但由于天主教和殖民统治者的目的是将玛雅人的文化和宗教彻底消灭，他们没有鼓励任何人去对土著居民辉煌的过去进行调查或者研究。此外，当地原住民是知道雨林当中自己那些被损毁的宫殿和金字塔的。然而，跟 19 世纪常见的情况一样，当地人口中巨大的湖泊、瀑布和著名河流的源头或者失落的城市都被认为是没有价值的信息。

除了位于伯利兹的拉马奈古城之外，古典玛雅的城市到 9 世纪已经都被废弃了。这给玛雅文明研究者带来了世界考古领域最大的困惑之一——玛雅人选择的城市地址从生态角度来看通常都有着极大的劣势。以危地马拉佩滕地区的蒂卡尔古城为

珍贵的石头

除了玛雅人，古代中华文明也视玉石为宝物，待之更胜黄金。在古代，中国人将玉石雕刻成各种抽象的形状，如圆盘状的玉璧和柱状的玉琮。玉石之所以受到中国人的喜爱，在于它有着与生俱来的美感，可以制成大量的装饰物品，而且它质地坚硬，色泽优美，象征着人类的可贵品质，如力量、美貌和长寿。汉代（前206—220）出产了众多极其精美的玉器。据史书记载，皇帝和王公贵族下葬时都要身穿玉片制成的玉衣。依逝者身份和地位，玉衣的玉片用包括金、银、铜和丝等不同材料的线连接起来。

例，这座巨大的城市被建在沼泽和雨林之间，几乎没有任何有利条件。此地最突出的问题就是旱季的时候完全没有稳定的天然水源，只能依靠大型蓄水池网络中积存的雨水。尽管如此，蒂卡尔城及其周边地区的人口在鼎盛时期被认为已经达到了8万到12万。

玉石三色
三种不同色彩的玉石。

虽然长盛不衰的生态系统崩溃理论可能是玛雅文明消失的最有说服力的原因，但玛雅人成功借助发达的农业技术在几个世纪的时间里维持了较高的人口密度。而且那些有着较好的生态条件的城市虽然有稳定的水源、较低的人口密度和肥沃的土地，但在大崩溃到来时，也没有逃脱同样的命运。所以说，尽管生态因素肯定在其中发挥了重要作用，但也只是诸多因素之一。玛雅文明研究者认为，农民起义推翻玛雅贵族阶层统治、干旱、传染病和外来势力入侵都有可能是玛雅文明终结的原因。

玉之神

如果说近来发生在华尔街和伦敦的抗议活动体现了我们社会中的不平等现象，但比起古代玛雅社会中其精英阶层跟供养他们的普通民众之间的巨大鸿沟，这简直就是小菜一碟。比尔·盖茨也许有几百亿存款，但我们都知道，他与地球上的其他70多亿人毫无二致，也是血肉之躯。在许多文明中，统治者都会被神化，但几乎没有任何文明在这一方面能达到玛雅人的程度。随着王权制度从玛雅前古典时期发展到古典时代，统治者及其皇族变得愈来愈庞大，跟臣民也愈来愈疏远。他们居住在宗教建筑中。而这些建筑则是诸多玛雅城市的心脏，无数城市从这里生

玉石之王
对古代玛雅人来说，玉石远比黄金要珍贵。

> 对古代玛雅人来说，玉石是最珍贵的石头，玉石雕刻也是宝石艺术的最佳代表。对玛雅玉石的矿物研究显示，玛雅人的玉石是硬玉，跟在中国最常见的软玉有着不同的化学组成。
> ——《玛雅古文明》（2006），罗伯特·沙雷尔、洛阿·特雷克斯勒著

长开来。虽然蒂卡尔、帕伦克、卡拉克穆尔以及科潘的许多此类建筑被称为"宫殿"，但它们同时具有居住和政治统治功能。去过蒂卡尔的人肯定会特别奇怪为什么会有人愿意居住在那么幽狭而又湿闷的宫殿中。

玛雅统治者不仅扮演着与众神和祖先沟通的中间人角色，他们自身也被奉为神明，是创立玛雅文明的诸神和英雄的化身。玉石是其神性的有形象征。绿色的硬玉代表玉米神、植物和重生。玉米是玛雅人的主要作物，因此玉米神也是一个重要的神明。玛雅人的历史中基本上是没有金属工具的。他们最伟大的技术成就之一就是对硬玉的雕刻与打磨，而他们取得这一成就的工具却是简单的绳锯、骨制或者木制的凿子以及天然研磨剂。借助这些简单的材料，他们制作出的玉器要远胜于中国匠人使用金属工具制造出来的玉器。

死亡面具
　　古代玛雅柏考王的随葬品中有一个极为精美的玉质面具。

　　在前面我们看到玛雅文明研究人员认为古埃及人的建筑艺术，尤其是其金字塔的设计跟玛雅人的有着直观的差异，因此二者之间不可能有任何联系。玛雅金字塔边缘陡峭，就像巴比伦的庙塔，是个平台，好在顶部建造神庙。人们可沿楼梯登上位于平台上的神庙。而埃及金字塔是作为墓穴使用的，外形更接近锥体。不过要说玛雅金字塔没有墓穴功能也不正确。这在1952年的考古发掘中得到了证实。当时，巴加尔二世（603—683）——帕伦克城的统治者——被发现埋葬在一个名为碑铭神殿的金字塔内。随后在其他玛雅古城的考古发现也证明这是一种很常见的行为。不过虽然如此，玛雅金字塔的主要功能仍然是神庙。

胸甲

　不管是生者还是死者，玛雅人都佩戴着玉饰。

　　巴加尔二世的随葬品中有大量玉器，包括串珠、项链等，脸上还戴着一个制作精美的玉面具。如此多玉器的存在象征着巴加尔二世将重生为神。把他埋葬在神庙地底的意义不同于基督教中把人埋葬在教堂内。后者的目的是为了在复活日到来之时，死者能够紧靠着上帝。巴加尔二世则已经变身为神明。他的后代可以通过一根从金字塔顶部神庙一直通到底部墓穴里的细长的管道跟他进行交流。

钨

Venefica

类型：过渡金属
来源：钨锰铁矿以及其他
含钨矿石
化学式：W

◎**工业**
◎文化
◎商业
◎科研

高强度钻头

碳钨合金，即碳化钨是当今世界最坚硬的合金之一，其莫氏硬度值高达 8.5—9（钻石为 10），熔点也达到了 5200 华氏度（2870 摄氏度），适用于制造加工碳钢和不锈钢的钻头和高性能工具。碳化钨的另外一大用途是制造穿甲弹。从第二次世界大战开始，这种穿甲弹就被装备到了轻型兵器和战机上攻击坦克等装甲车辆。

白炽灯于 19 世纪末实现了商品化，并在 20 世纪初得到了完善，它改变了人类的日常生活。曾几何时，我们家中的照明工具是蜡烛和煤气，时刻受到火灾和爆炸的威胁。而有了白炽灯，我们的家变得前所未有的明亮而安全。钨丝是组成现代电灯的关键元素之一，它带来了更高的亮度和耐用性。

迫切的问题

几十年后，上了年纪的人若是说起白炽灯，他们生在 21 世纪的儿孙们或许会目带同情地看着他们，就好像我们对自己的爷爷奶奶说起黑胶唱片和录音带时的反应一样。对他们来说，白炽灯十几年后将从世界上大部分地区消失，家庭照明使用的将是节能灯。现在的节能灯外形有直管形和螺旋形等，看起来完全不同于传统的内部安有钨丝的玻璃灯泡。

自 2009 年起，随着英国和欧盟各国开始逐渐禁用白炽灯，人们的反对之声就此起彼伏，抱怨上帝赐予自己使用高效灯泡的权利遭到了侵害。但实际上这权利的历史并没那么悠久，毕竟第一根钨丝一百年前才刚刚发明出来。人类真正的传统照明工具其实是有着上千年历史的油灯和蜡烛。工业革命给我们带来了两种照亮居所和工作场所的新方式——提取自石油的煤油，以及使用煤炭生产出来的煤气。这两种材料的缺点在于它们都依赖于明火，亮度有限，污染空气，而且有时还会爆炸。

安全灯泡

虽然人们大都以为是托马斯·爱迪生（1847—1931）发明了灯泡，但实际上总共有 20 多位发明家为灯泡的发明改善做出了贡献。灯泡概念最早的实际展示出现在 1802 年。英国化学家汉弗莱·戴维（1778—1829）使电流通过了铂丝，不过他并没有使用玻璃泡对灯丝进行保护。戴维的电灯试验只是为了科学探索，而非商业目的。他的电灯亮度不高，铂丝既成本高昂又消耗得很快，而且当时大规模发电技术尚未出现。

好主意
爱迪生实现了白炽灯的商品化，不过其中的灯丝为炭丝。

爱迪生的天才之处并不在于他发明了灯泡，而在于他成功实现了灯泡的商品化。要承认，他的产品很不错，灯泡采用竹炭做灯丝，寿命长达 1200 小时。这两个方面都大大超过了他的竞争对手。不过，我们的世界要想拥有 100 瓦的灯泡还有好多步要走。1904 年，一家匈牙利企业制造出了世界上第一根钨丝，这对炭制灯丝来说是一大改进。最后，通用电气公司的威廉·柯立芝（1873—1975）在 1906 年开发出了"软钨"，使得钨丝可以紧密地卷绕成小型弹簧。这不仅大大提高了灯丝的寿命，而且亮度也更高。对灯泡最后的改进是往其中填充惰性气体，从而提高灯泡的亮度，防止其变黑。

截至 1914 年，通用电气公司生产的钨丝灯泡占据了最大的市场份额，其寿命和销量超过了所有的竞争对手。

安息吧，白炽灯
100 瓦钨丝灯泡。

（灯泡中）灯丝脆性是最大的困难之一……钨看起来是非常理想的材料，但 1884 年到 1909 年期间，对其柔性的研究却没有任何成果。然后在 1909 年，美国的柯立芝发现了通过型锻与烧结令钨具有足够的延展性的方法。
——《照明社会史》（1958），威廉·奥迪亚著

锌
Zink

类型：过渡金属
来源：闪锌矿和含锌矿石
分子式：Zn

◎工业
◎文化
◎商业
◎科研

历史上，锌和铜被一起制成青铜合金来制造装饰品、武器、钱币和容器。在现代，金属锌主要被应用在名为镀锌的工序中防止钢铁产生锈蚀。镀锌本身是 1800 年一次生物实验的产物，该实验带来了电池的发明。

锌枯竭
全球的锌资源有可能在 2055 年之前被消耗殆尽。

带电池的青蛙

有时候，一项科学发明会有着与它风马牛不相及的起因。不过电化电池肯定是史上此类发明的最佳范例之一。它的发明人意大利物理学家亚历山德罗·伏打（1745—1827）是从同行路易吉·伽尔伐尼（1737—1798）对青蛙腿所做的实验中获得的发明灵感。事情的经过有好几个版本。有的说伽尔伐尼令外部电流通过已死亡的青蛙腿时发现青蛙腿发生了抽搐，有的说伽尔伐尼是在用手术刀解剖挂在铜钩上的青蛙腿时导致它抽搐的，还有的说是伽尔伐尼助手的手术刀碰到了青蛙腿保留在外的神经，导致已经死亡的肌肉发生了收缩。不管这其中哪个版本是真的，伽尔伐尼推断说动物的身体组织中含有"生物电"。

听到这个意外的实验结果，伏打却做出了一个与之大相径庭的论断。他推断说，青蛙腿其实并没有电流，电流只是从其中通过。伽尔伐尼所观察到的现象是两端金属之间发生的反应，青蛙促进了这个反应的发生。为了证明自己的观点，伏打制造

电池发明者
电池的发明者伏打（左）和伽尔伐尼（右）。

一层薄薄的含锌涂层被用来保护钢材免于生锈，这种处理方式被称为镀锌。锌层阻断了钢铁跟空气的接触。即使某些位置的锌涂层被划伤，周围的锌层仍然能够保护下面的钢材。

——《锌》（2006），列昂·格雷著

出了世界上第一个电化电池，即被人们称为"伏打电堆"的装置。不过这可不是现在那种可以装进电视遥控器或者收音机的电池。伏打电堆最早出现在 1800 年，电堆由一组组锌盘和铜盘组成，各个盘片被浸有盐水的硬纸板分隔开。圆盘和盐水分别扮演着电极和导体电解液的角色。当顶部的圆盘跟底部圆盘被电线连接起来时，会有电流从电堆中通过。

干电池

之后的 80 多年里，众多发明家改进了伏打的"湿式"电池设计，并采用其他材料进行了一系列实验。其中锌一直是一种固定组成部分，在众多电池中扮演着重要角色，如 1836 年的丹聂耳电池，1844 年的格罗夫电池，以及 1866 年的勒克朗谢电池。最后在 1886 年，卡尔·加斯纳博士取得了第一项干电池专利。这种干电池采用熟石膏代替液态电解质，以锌皮筒为负极，正极则为筒中含二氧化锰的碳粉。

碳锌电池今天仍然为人们所使用，而且由于是生产成本最低的电池，所以常常被作为其他电器的附赠品。现代干电池的外壳通常用锌支撑，底部带有小金属片（负极），中间是碳棒，外包氧化锰，再外一层是起电解质作用的氯化铵糊，电池顶部的金属帽（正极）跟碳棒相连。今天，加斯纳干电池出现了众多改进版，包括刚刚描述的碳锌电池，最常见的用于消费电子产品的碱性电池（采用锌和二氧化锰）以及高端的氢氧化亚镍电池（采用锌、二氧化锰以及氢氧化亚镍）。

伏打电堆
世界上第一个电池——伏打电堆。

感冒克星

整个保健食品领域都是一个名副其实的战场。战场一边是大量的保健食品支持者，宣称它们能促进健康；而另一边的反对者则反驳说只要饮食健康平衡，根本就没必要服用保健食品。由于有 90% 的营养品都被排出体外，美国人的尿液大概是全世界最贵的。根据美国政府膳食补充剂办公室的信息，含锌的保健食品只能缩短感冒的周期，并不能减轻相关症状。锌是人体必需的营养元素，在新陈代谢过程中扮演着重要的角色，是人体内除了铁以外最常见的金属元素。鉴于锌在精液中的含量尤其高，有关牡蛎能提高性欲的说法也许是正确的，因为牡蛎当中所含的锌比任何其他食物都要高。

图书在版编目(CIP)数据

改变历史进程的50种矿物 / (英) 查林 (Eric,C.) 著；
高萍译. --青岛：青岛出版社, 2015.8
ISBN 978-7-5552-2478-5

Ⅰ.①改… Ⅱ.①查… ②高… Ⅲ.①矿物－青少年
读物 Ⅳ.①P57-49

中国版本图书馆CIP数据核字(2015)第159897号

Copyright©Quid Publishing 2012

Simplified Chinese Rights©Qingdao Publishing House 2016

山东省版权局著作权合同登记号 图字：15-2015-199

书　　名	改变历史进程的50种矿物
著　　者	（英）埃里克·查林
译　　者	高　萍
出版发行	青岛出版社
社　　址	青岛市海尔路182号（266061）
本社网址	http://www.qdpub.com
邮购电话	13335059110　0532-85814750（传真）0532-68068026
责任编辑	唐运锋
封面设计	祝玉华
版式设计	刘　欣
印　　刷	北京利丰雅高长城印刷有限公司
出版日期	2016年5月第1版　2020年6月第3次印刷
开　　本	16开（710 mm×1000mm）
印　　张	13.75
印　　数	8001-13000
书　　号	ISBN 978-7-5552-2478-5
定　　价	49.80元